目次

	要点	例題	STEP UP

（注）　本書の内容についての一切の責任は英俊社にございます。ご不審の点は当社へご質問下さい。（編集部）

出題率って、どういう意味？

その単元が入学試験に出題される割合で、
入試対策を効率よく進めるために役立つ情報です。

$$出題率(\%)=\frac{その単元が出題された試験数}{調査した全試験数}\times 100$$

英俊社の「高校別入試対策シリーズ」出版校のすべての問題を、過去3年さかのぼって調査、算出しています。

この本のねらい

この本を手にする受験生の皆さんの中には，高校入試に向けて，いったい何をどのように勉強すればよいのか悩んでいる人も多いことでしょう。もちろん，すべての単元の内容を徹底的に勉強しておけば，実際の入試で十分合格点を取れることは誰もが知っています。

しかし，過去の入試問題を見ればわかるように，「**入試で出題されやすい**」内容というものがあります。これを念頭に置いて学習するのとそうでないのとでは，同じ努力でも得られる効果がかなり違ってくると思われます。

この本は，『高校別入試対策シリーズ〈赤本〉』（英俊社）出版校の入試問題を独自の項目で分類して**出題率**を算出し，「**入試で出題されやすい**」内容にねらいを定めた構成としています。入試の実態に即した学習をめざす皆さんには，きっと大きな力になるでしょう。

この本の特長

◆【要点】（例題）で単元チェック　⇒　STEP UP で問題演習

各単元のはじめには，典型的な例題やまとめを掲載しています。ここで，まず単元の理解度をチェックをしてください。その後，実践的な問題演習を行ってください。

◆出題率の高い問題のみを収録

高校入試で出題率の高い問題（＝よく出合う問題）に的をしぼって収録していますので，効率のよい入試対策ができます。

◆ポイントをおさえた解説

多くの問題に解説をつけています。解けなかった問題，間違えた問題はじっくりと解説を読み，理解しておきましょう。

入試に向けての対策

まずは，この本を何度もくり返し取り組み，出題の傾向や解答のポイントをしっかりつかんでください。そのうえで，まだ理解が足りないと感じたところや，この本に収録されていない単元については，英俊社の**『理科の近道問題シリーズ』**を活用し，学習を重ねてください。

また，出題率の集計結果はあくまでも全般的傾向になりますので，「出合いやすい」単元の内容を把握するだけでなく，志望校において「好んで出題される」単元や出題形式を知っておくことも大切になってきます。そこで〈赤本〉でおなじみのベストセラー**『高校別入試対策シリーズ』**（英俊社）を入念に仕上げ，万全の態勢で入試に向かってください。

単元分類と出題率集計

調査対象校：188校　総試験数：574試験

大単元	中単元 分類項目	中単元 出題率(%)	小単元 分類項目（白字はこの本に収録）	出題試験数	出題率(%)	全体順位
物理	光・音・力	48.4	光	80	13.9	12
			音	45	7.8	23
			力・圧力	**150**	**26.1**	**6**
	電流のはたらき	46.5	**電　流**	**154**	**26.8**	**4**
			磁　界	52	9.1	21
	運動・エネルギー	30.0	**運動・エネルギー**	**172**	**30.0**	**1**
化学	物　質	37.5	気　体	56	9.8	20
			水溶液	72	12.5	16
			状態変化	38	6.6	24
			物質の分類	38	6.6	24
	化学変化	72.8	原子・分子	15	2.6	27
			物質どうしの化学変化	**119**	**20.7**	**8**
			酸素が関わる化学変化	**102**	**17.8**	**9**
			酸・アルカリ	**160**	**27.9**	**2**
生物	植　物	31.5	植物のはたらき	74	12.9	14
			植物のつくり	65	11.3	18
	動　物	48.4	**からだのはたらき**	**153**	**26.7**	**5**
			神経系	51	8.9	22
			動物の分類	57	9.9	19
	生物のつながり	31.2	**細胞・生殖・遺伝**	**135**	**23.5**	**7**
			食物連鎖	36	6.3	26
			進　化	10	1.7	28
地学	大　地	47.2	**地　層**	**155**	**27.0**	**3**
			地　震	**98**	**17.1**	**10**
	天　気	40.1	大気中の水	85	14.8	11
			天気の変化	80	13.9	13
	天　体	30.5	地球の動き	74	12.9	15
			太陽系	71	12.4	17

この本の使い方

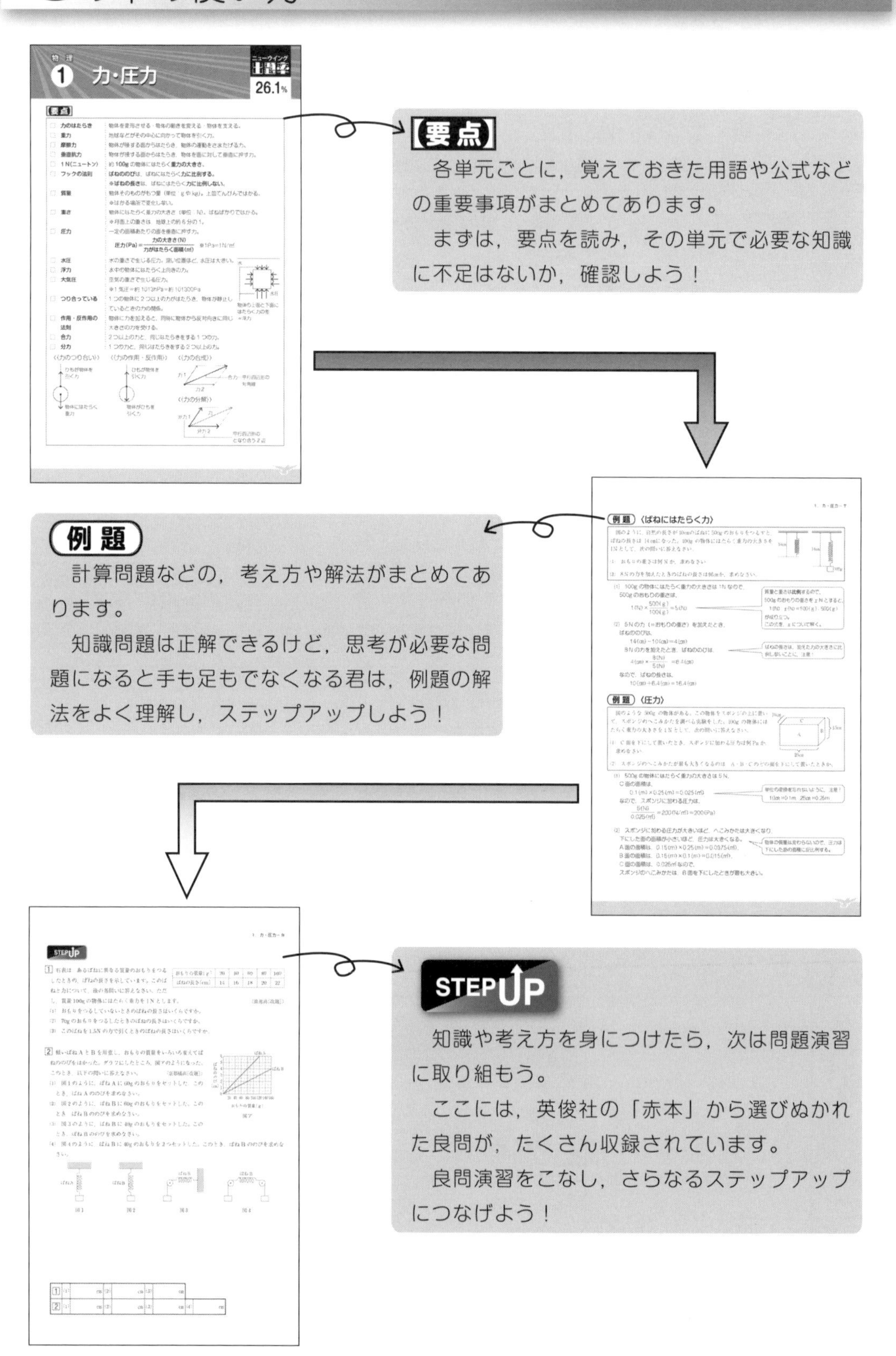

【要点】
各単元ごとに，覚えておきた用語や公式などの重要事項がまとめてあります。
まずは，要点を読み，その単元で必要な知識に不足はないか，確認しよう！
例題
計算問題などの，考え方や解法がまとめてあります。
知識問題は正解できるけど，思考が必要な問題になると手も足もでなくなる君は，例題の解法をよく理解し，ステップアップしよう！
STEP UP
知識や考え方を身につけたら，次は問題演習に取り組もう。
ここには，英俊社の「赤本」から選びぬかれた良問が，たくさん収録されています。
良問演習をこなし，さらなるステップアップにつなげよう！

出題率 理科

・・・出題率グラフ

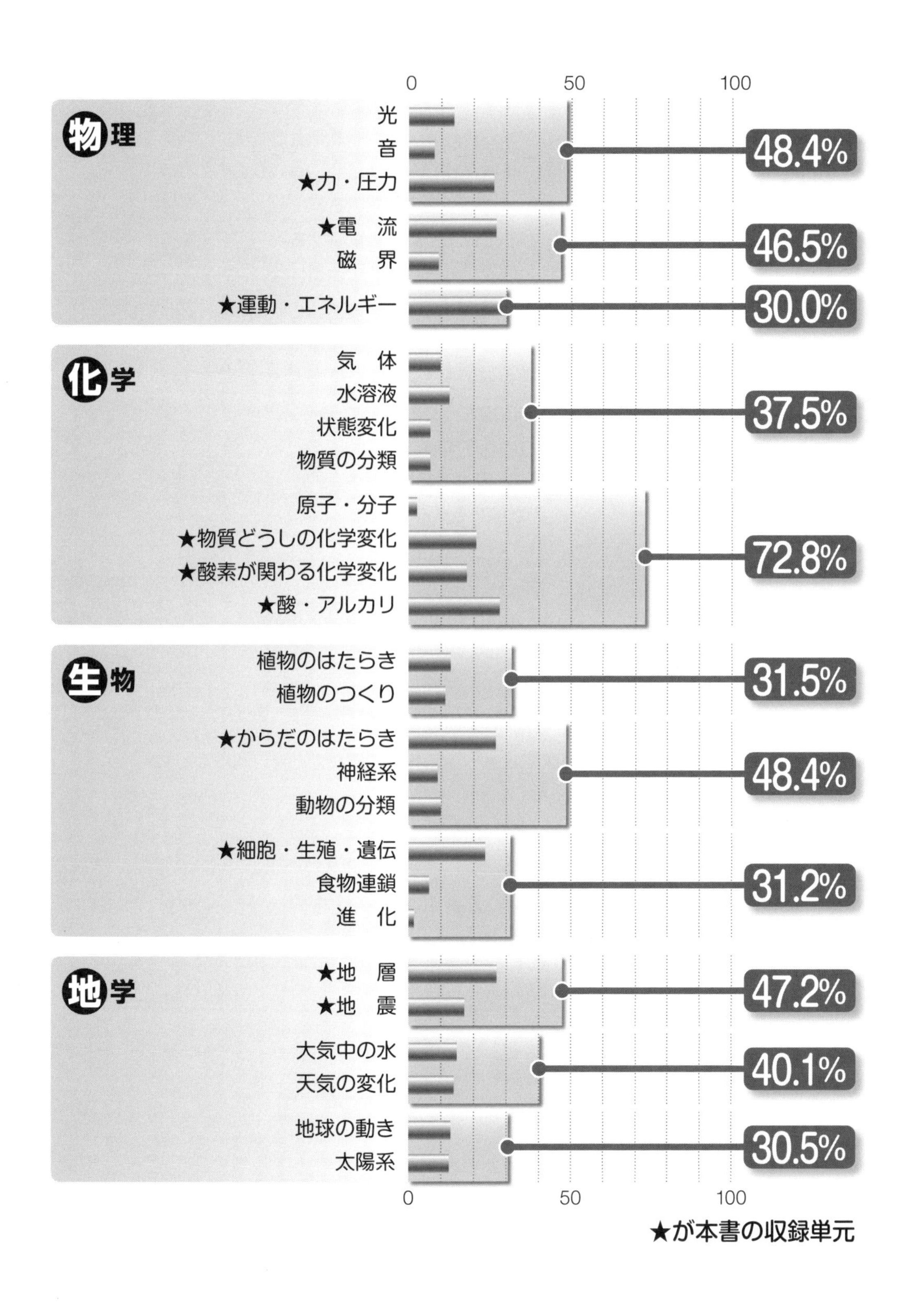

★が本書の収録単元

物理

1 力・圧力

ニューウイング出題率 26.1%

【要点】

□ 力のはたらき	物体を変形させる・物体の動きを変える・物体を支える。
□ 重力	地球などがその中心に向かって物体を引く力。
□ 摩擦力	物体が接する面からはたらき，物体の運動をさまたげる力。
□ 垂直抗力	物体が接する面からはたらき，物体を面に対して垂直に押す力。
□ 1 N(ニュートン)	約 **100g** の物体にはたらく**重力の大きさ**。
□ フックの法則	**ばねののび**は，ばねにはたらく**力に比例する**。 ※**ばねの長さ**は，ばねにはたらく**力に比例しない**。
□ 質量	物体そのものがもつ量（単位：g や kg)。上皿てんびんではかる。 ※はかる場所で変化しない。
□ 重さ	物体にはたらく重力の大きさ（単位：N)。ばねばかりではかる。 ※月面上の重さは，地球上の約 6 分の 1。
□ 圧力	一定の面積あたりの面を垂直に押す力。 $\text{圧力(Pa)}=\dfrac{\text{力の大きさ(N)}}{\text{力がはたらく面積(m}^2\text{)}}$ ※1Pa=1N/㎡
□ 水圧	水の重さで生じる圧力。深い位置ほど，水圧は大きい。
□ 浮力	水中の物体にはたらく上向きの力。
□ 大気圧	空気の重さで生じる圧力。 ※1 気圧＝約 1013hPa＝約 101300Pa
□ つり合っている	1 つの物体に 2 つ以上の力がはたらき，物体が静止しているときの力の関係。
□ 作用・反作用の法則	物体に力を加えると，同時に物体から反対向きに同じ大きさの力を受ける。
□ 合力	2 つ以上の力と，同じはたらきをする 1 つの力。
□ 分力	1 つの力と，同じはたらきをする 2 つ以上の力。

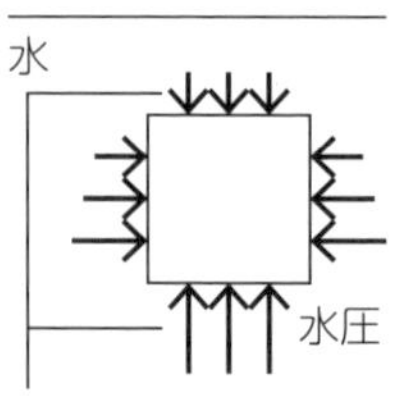

物体の上面と下面にはたらく力の差＝浮力

〈〈力のつり合い〉〉

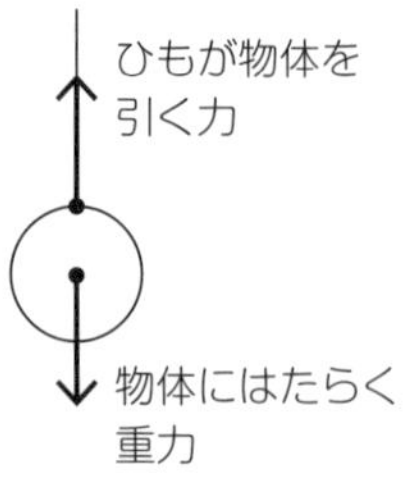

〈〈力の作用・反作用〉〉

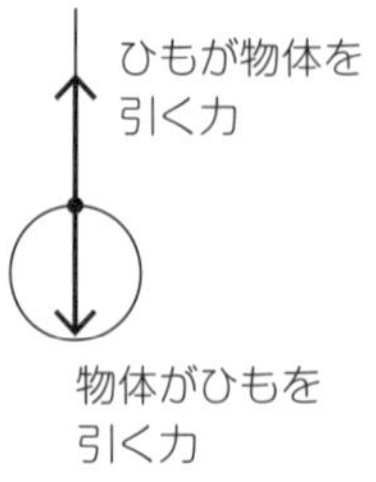

〈〈力の合成〉〉

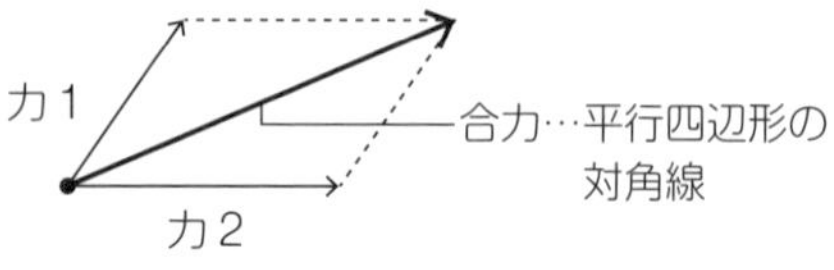

〈〈力の分解〉〉

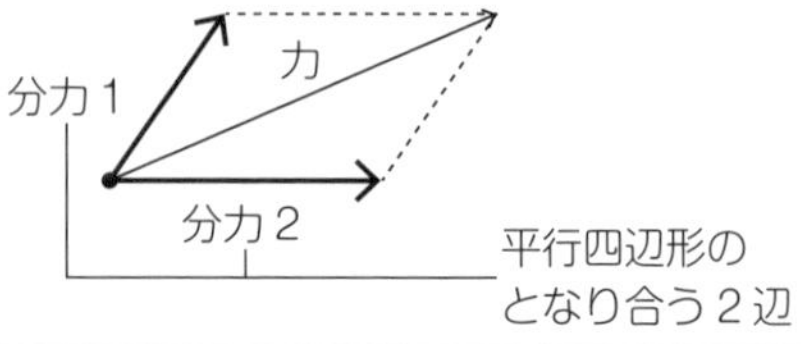

例題〈ばねにはたらく力〉

図のように，自然の長さが10cmのばねに500gのおもりをつるすと，ばねの長さは14cmになった。100gの物体にはたらく重力の大きさを1Nとして，次の問いに答えなさい。

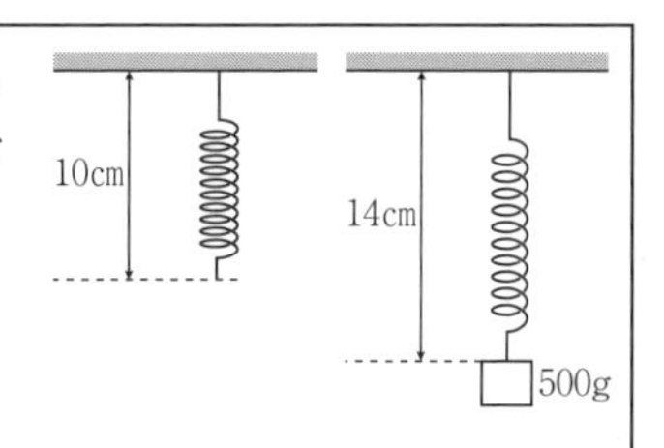

(1) おもりの重さは何Nか，求めなさい。

(2) 8Nの力を加えたときのばねの長さは何cmか，求めなさい。

(1) 100gの物体にはたらく重力の大きさは1Nなので，
500gのおもりの重さは，

$$1(\mathrm{N})\times\frac{500(\mathrm{g})}{100(\mathrm{g})}=5(\mathrm{N})$$

> 質量と重さは**比例**するので，
> 500gのおもりの重さをxNとすると，
> $1(\mathrm{N}):x(\mathrm{N})=100(\mathrm{g}):500(\mathrm{g})$
> が成り立つ。
> この式を，xについて解く。

(2) 5Nの力（＝おもりの重さ）を加えたとき，
ばねののびは，

$$14(\mathrm{cm})-10(\mathrm{cm})=4(\mathrm{cm})$$

8Nの力を加えたとき，ばねののびは，

$$4(\mathrm{cm})\times\frac{8(\mathrm{N})}{5(\mathrm{N})}=6.4(\mathrm{cm})$$

なので，ばねの長さは，

$$10(\mathrm{cm})+6.4(\mathrm{cm})=16.4(\mathrm{cm})$$

> ばねの長さは，加えた力の大きさに比例しないことに，注意！

例題〈圧力〉

図のような500gの物体がある。この物体をスポンジの上に置いて，スポンジのへこみかたを調べる実験をした。100gの物体にはたらく重力の大きさを1Nとして，次の問いに答えなさい。

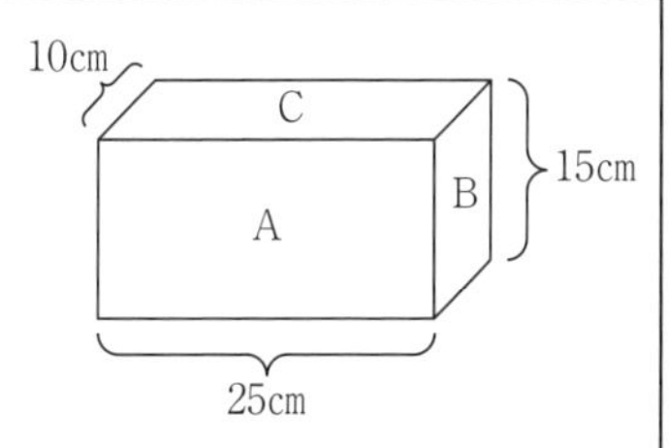

(1) C面を下にして置いたとき，スポンジに加わる圧力は何Paか，求めなさい。

(2) スポンジのへこみかたが最も大きくなるのは，A・B・Cのどの面を下にして置いたときか。

(1) 500gの物体にはたらく重力の大きさは5N，
C面の面積は，

$$0.1(\mathrm{m})\times0.25(\mathrm{m})=0.025(\mathrm{m^2})$$

なので，スポンジに加わる圧力は，

$$\frac{5(\mathrm{N})}{0.025(\mathrm{m^2})}=200(\mathrm{N/m^2})=200(\mathrm{Pa})$$

> 単位の変換を忘れないように，注意！
> 10cm＝0.1m，25cm＝0.25m

(2) スポンジに加わる圧力が大きいほど，へこみかたは大きくなり，
下にした面の面積が小さいほど，圧力は大きくなる。
A面の面積は，$0.15(\mathrm{m})\times0.25(\mathrm{m})=0.0375(\mathrm{m^2})$，
B面の面積は，$0.15(\mathrm{m})\times0.1(\mathrm{m})=0.015(\mathrm{m^2})$，
C面の面積は，$0.025\mathrm{m^2}$なので，
スポンジのへこみかたは，B面を下にしたときが最も大きい。

> 物体の質量は変わらないので，圧力は下にした面の面積に反比例する。

例題 〈浮力〉

次の実験について，以下の問いに答えなさい。ただし，100g の物体にはたらく重力の大きさを 1N とし，おもり以外の質量や体積は考えないものとする。

【実験】 図Ⅰのように，500g のおもりをばねにつるし，水を入れた水そうにゆっくりと沈めていき，ばねののびと水面からおもりの底までの深さの関係を調べた。このときの結果を図Ⅱのように表した。

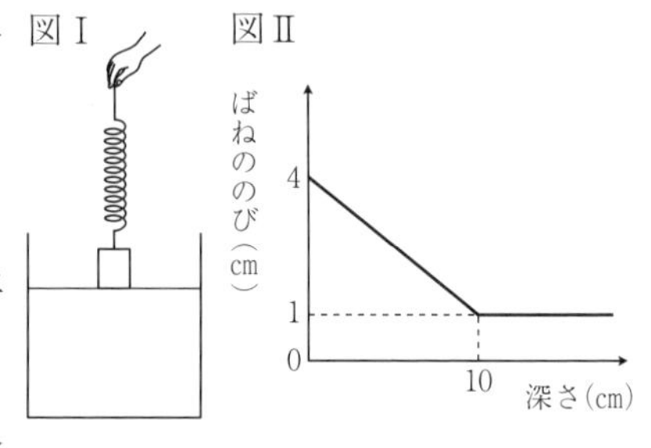

(1) おもりがすべて水中に沈んだとき，おもりにはたらく浮力は何 N か，求めなさい。

(2) おもりの体積は何cm³か，求めなさい。ただし，1g の水の体積は 1 cm³とする。

(1) まず，500g のおもりにはたらく重力の大きさは 5 N なので，図Ⅱより，このばねは 5 N の力で 4 cmのびる。

深さが 0 cmのとき，ばねにはたらく力＝おもりの重さ

次に，ばねののびが 1 cmで一定になったとき，おもりはすべて水に沈んでいる。

水中の物体の体積が大きいほど，物体にはたらく浮力も大きい。

このとき，ばねにはたらく力の大きさは，

$$5(\text{N}) \times \frac{1(\text{cm})}{4(\text{cm})} = 1.25(\text{N})$$

なので，おもりにはたらく**浮力**は，

(おもりにはたらく重力)－(ばねにはたらく力)

＝5(N)－1.25(N)＝3.75(N)

(2) おもりがすべて水に沈むと，重さ 3.75N の水が押しのけられる。

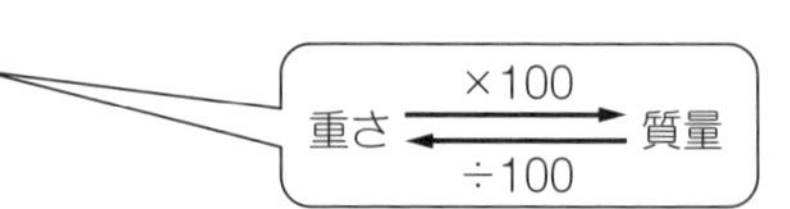

おもりの体積は，重さ 3.75N（質量 375g）の水の体積に等しいので，

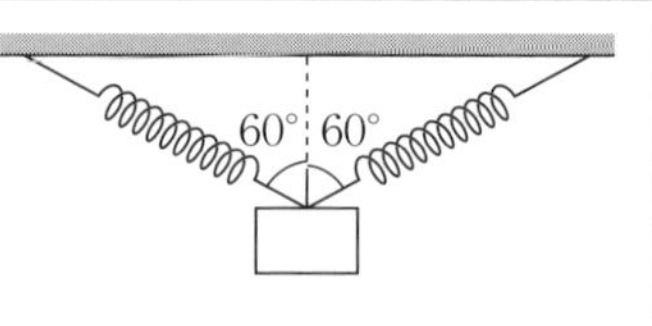

$$\frac{375(\text{g})}{1(\text{g/cm}^3)} = 375(\text{cm}^3)$$

例題 〈力のつり合い〉

2 本のばねに 500g のおもりをつるしたところ，図のような角度で静止した。それぞれのばねにはたらく力は何 N か，求めなさい。ただし，100g の物体にはたらく重力の大きさを 1N とし，ばね自身の質量は考えないものとする。

60° 60°

おもりにはたらく重力と，2 本のばねにはたらく力の合力は，右図のように表され，つり合っている。

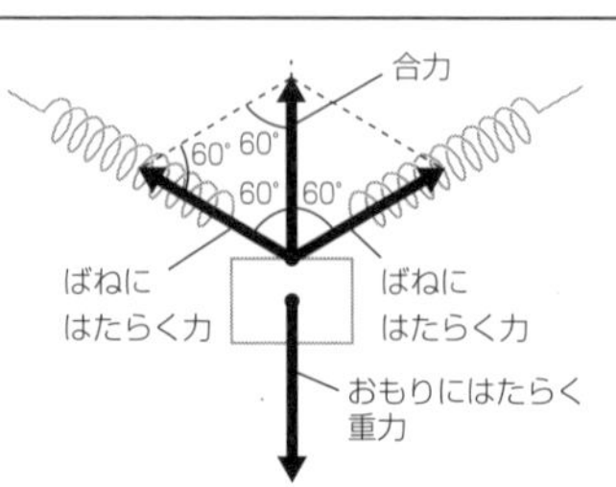

ばねにはたらく力と合力を結ぶと，正三角形ができることから，ばねにはたらく力と合力の大きさは等しい。

よって，ばねにはたらく力の大きさは 5N。

STEP UP

1 右表は，あるばねに異なる質量のおもりをつるしたときの，ばねの長さを示しています。このばねと力について，後の各問いに答えなさい。ただし，質量100gの物体にはたらく重力を1Nとします。　（浪速高［改題］）

おもりの質量〔g〕	20	40	60	80	100
ばねの長さ〔cm〕	14	16	18	20	22

(1) おもりをつるしていないときのばねの長さはいくらですか。

(2) 70gのおもりをつるしたときのばねの長さはいくらですか。

(3) このばねを1.5Nの力で引くときのばねの長さはいくらですか。

2 軽いばねAとBを用意し，おもりの質量をいろいろ変えてばねののびをはかった。グラフにしたところ，図アのようになった。このとき，以下の問いに答えなさい。　（京都橘高［改題］）

ばねA
ばねB
ばねののび（cm）
0 1 2 3 4 5 6
20 40 60 80 100 120 140 160
おもりの質量（g）

図ア

(1) 図1のように，ばねAに60gのおもりをセットした。このとき，ばねAののびを求めなさい。

(2) 図2のように，ばねBに60gのおもりをセットした。このとき，ばねBののびを求めなさい。

(3) 図3のように，ばねBに40gのおもりをセットした。このとき，ばねBののびを求めなさい。

(4) 図4のように，ばねBに40gのおもりを2つセットした。このとき，ばねBののびを求めなさい。

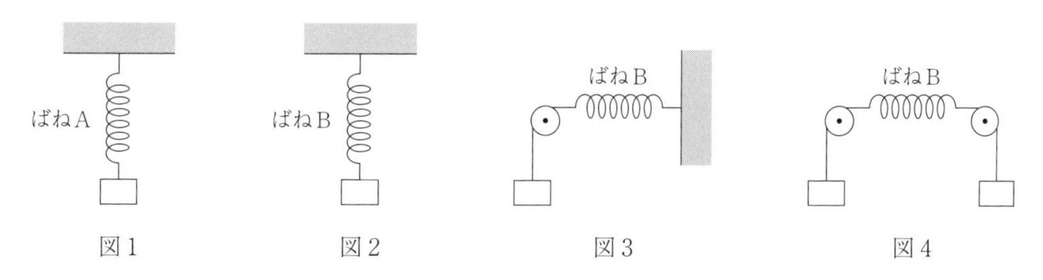

図1　図2　図3　図4

1	(1)	cm	(2)	cm	(3)	cm		
2	(1)	cm	(2)	cm	(3)	cm	(4)	cm

3 図１のように，辺の長さが10cm，20cm，40cmの直方体があります。面積の小さい方から面Ａ，面Ｂ，面Ｃとします。この直方体の重さをばねばかりで測ると300Nでした。次の⑴から⑶の各問いに答えなさい。

（金光八尾高［改題］）

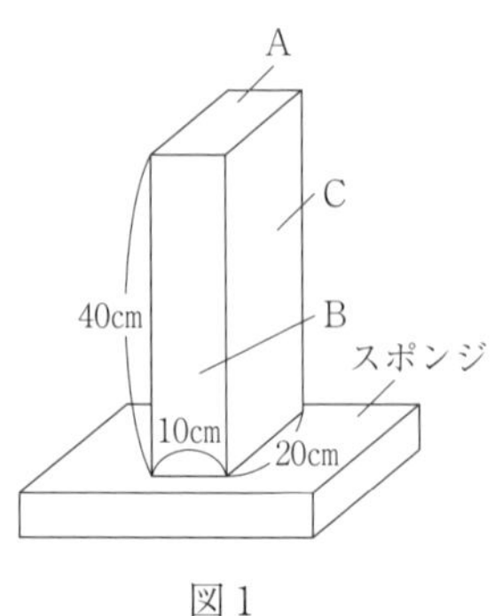

図１

⑴　直方体の質量は何kgですか。ただし，100gの重さを１Nとします。

⑵　面Ａを上にしてスポンジの上に置くと，10cm沈みました。このとき，スポンジにかかる圧力は何N/cm^2ですか。

⑶　１Paは１N/m^2です。⑵の圧力は何Paですか。

4 図１のように，立方体の物体Ａと直方体の物体Ｂを水平な床（ゆか）に置いた。表は，それぞれの物体の質量と図１のように物体を床に置いたときの底面積を示したものである。このとき，後の各問いに答えなさい。ただし，100gの物体にはたらく重力の大きさを１Nとし，それぞれの物体が床を押す力は，床に均等にはたらくものとする。

（三重県）

図１

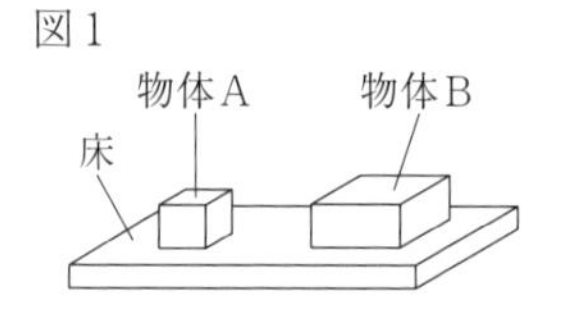

表

	物体Ａ	物体Ｂ
質量（g）	40	120
底面積（cm^2）	4	16

⑴　床の上に物体Ａがあるとき，床が物体Ａを押し返す力を何というか，その名称を書きなさい。

⑵　図１のように，それぞれの物体を１個ずつ水平な床に置いたとき，物体が床を押す力の大きさと物体が床におよぼす圧力が大きいのは，それぞれ物体Ａと物体Ｂのどちらか，次のア～エから最も適当なものを１つ選び，その記号を書きなさい。

	ア	イ	ウ	エ
床を押す力の大きさ	物体Ａ	物体Ａ	物体Ｂ	物体Ｂ
床におよぼす圧力	物体Ａ	物体Ｂ	物体Ａ	物体Ｂ

⑶　図２のように，物体Ａを３個積み上げて置いた。このことについて，次の①，②の各問いに答えなさい。

図２

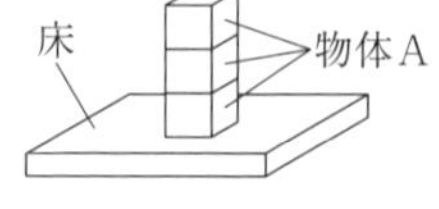

①　積み上げて置いた物体Ａ３個が，床を押す力の大きさは何Nか，求めなさい。

②　積み上げて置いた物体Ａ３個が床におよぼす圧力と等しくなるのは，物体Ｂをどのように積み上げて置いたときか，次のア～エから最も適当なものを１つ選び，その記号を書きなさい。

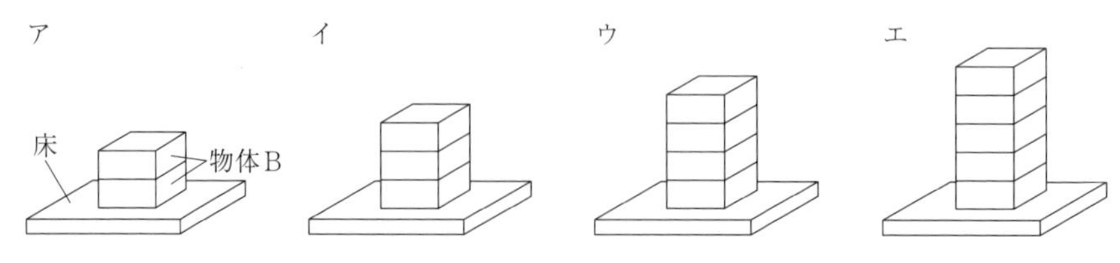

5 同じ体積のアルミニウムとプラスチックのおもりを使って，水中ではたらく力について調べるための実験を行った。下の各問いに答えなさい。ただし，100g の物体にはたらく重力の大きさを1Nとする。 （精華女高[改題]）

【実験】

手順1：図1のようにアルミニウムのおもりにはたらく重力の大きさをばねばかりを用いて調べた。

手順2：図2のようにアルミニウムのおもりを半分水に入れたときのばねばかりの値を調べた。

手順3：図3のようにアルミニウムのおもりを全部水に入れたときのばねばかりの値を調べた。

手順4：アルミニウムのおもりをプラスチックのおもりに変え手順1～3の操作を行った。

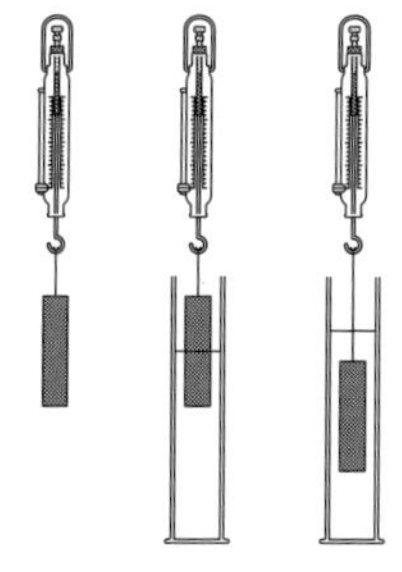

図1　図2　図3

【実験結果】

	手順1	手順2	手順3
アルミニウム	0.85N	0.80N	0.75N
プラスチック	0.40N	0.35N	0.30N

(1) アルミニウムのおもりを半分水に入れたときと，全部水に入れたときにはたらく浮力の大きさは何Nかそれぞれ答えなさい。

(2) 実験結果からわかることを次のア～ウから1つ選び，記号で答えなさい。

ア　アルミニウムのおもりを全部水に入れたときにはたらく浮力より，プラスチックのおもりを全部水に入れたときにはたらく浮力のほうが大きかった。

イ　プラスチックのおもりを半分水に入れたときにはたらく浮力は，全部水に入れたときにはたらく浮力の3倍になった。

ウ　アルミニウムのおもりもプラスチックのおもりも，半分水に入れたときにはたらく浮力より全部水に入れたときにはたらく浮力のほうが大きかった。

(3) 浮力に影響するものを次のア～ウから1つ選び，記号で答えなさい。

ア　おもりにはたらく重力　　イ　水中のおもりの体積　　ウ　おもりの材料

3	(1)	kg	(2)	N/㎠	(3)	Pa		
4	(1)		(2)		(3) ①	N	②	
5	(1) 半分	N	全部	N	(2)		(3)	

6　水圧について次のような実験を行った。後の各問いに答えなさい。　（清明学院高）

【実験】　図１のように，両端の開いた長さ 10cm，直径４cm の透明なアクリルの筒の両端にうすいゴム膜を張る。筒の中央には，細いアクリルの管が接続されており，筒と管で内部がつながっている。さらに管の先端にはゴム管が付けられている。

実験①　筒を鉛直に立てて，A 面が水面から 20cm になるように筒を沈めた。［図２］

実験②　筒を水面と平行にし，ゴム膜の中心が水面から 20cm になるように筒を沈めた。［図２］

実験③　実験①の状態で，ゴム管をクリップ（ピンチコック）で強くはさんだ。その後，筒を水面上に持ち上げた。［図２］

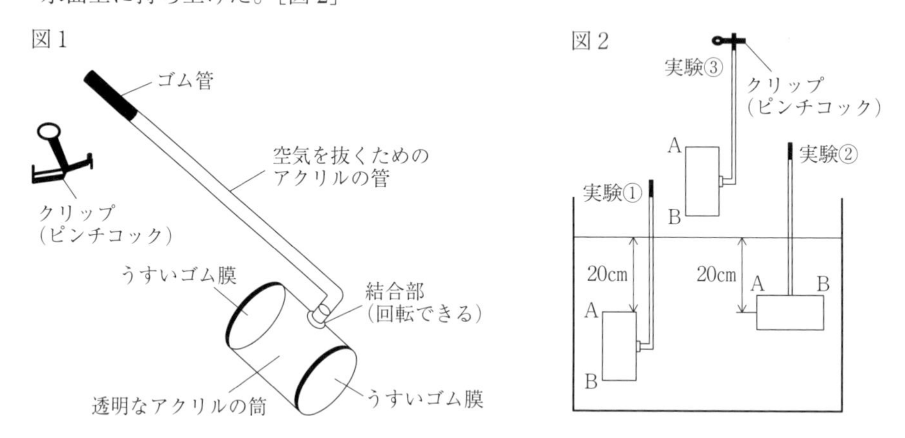

(1)　実験①のゴム膜の様子を正しく表している図を次のア～エより１つ記号で選び答えなさい。

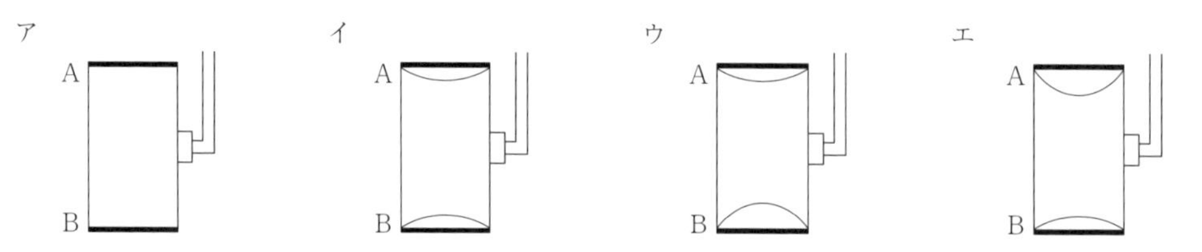

(2)　実験②のゴム膜の様子を正しく表している図を次のア～エより１つ記号で選び答えなさい。

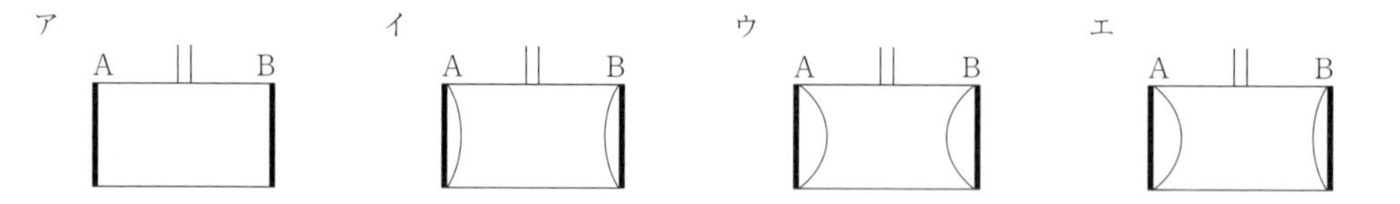

(3)　実験③のゴム膜の様子を正しく表している文を，次のア～キより１つ記号で選び答えなさい。

ア　A 面と B 面が同じだけ外側にふくらんだ。

イ　A 面，B 面とも外側にふくらんだが，A 面のほうが大きくふくらんだ。

ウ　A 面，B 面とも外側にふくらんだが，B 面のほうが大きくふくらんだ。

エ　A 面と B 面が同じだけ内側にへこんだ。

オ　A 面，B 面とも内側にへこんだが，A 面のほうが大きくへこんだ。

カ　A 面，B 面とも内側にへこんだが，B 面のほうが大きくへこんだ。

キ　水に入れる前の状態と同じで，ふくらみもへこみもしなかった。

7 物体にはたらく力について調べるために，次の実験を行った。後の問いに答えなさい。ただし，糸は質量が無視でき，伸び縮みしないものとする。（山形県）

【実験】 図1のように，点Oで結んだ三本の糸のうち，一本に重力の大きさが5.0Nの物体Xをつるし，他の二本にばねばかり1，2をつけて異なる向きに引いて物体Xを静止させた。A，Bは，糸3の延長線と糸1，2の間のそれぞれの角を表す。

図1

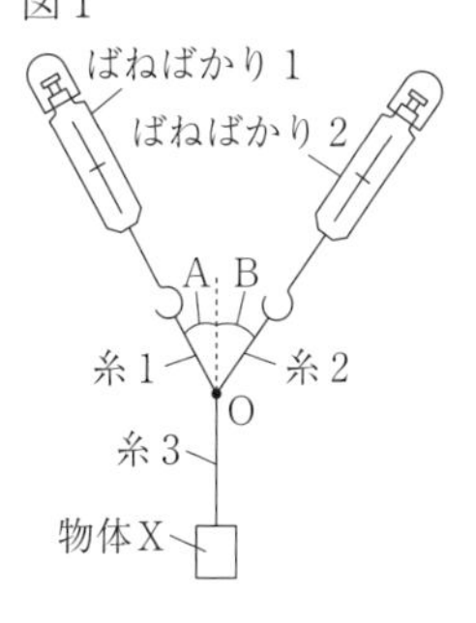

(1) 糸1，2が点Oを引く力は，一つの力で表すことができる。このように，複数の力を同じはたらきをする一つの力で表すことを，力の何というか，書きなさい。

(2) 図2は，実験におけるA，Bの組み合わせの一つを表しており，物体Xにつけた糸3が点Oを引く力Fを方眼上に示している。このとき，糸1が点Oを引く力と糸2が点Oを引く力を，図2にそれぞれかきなさい。

図2

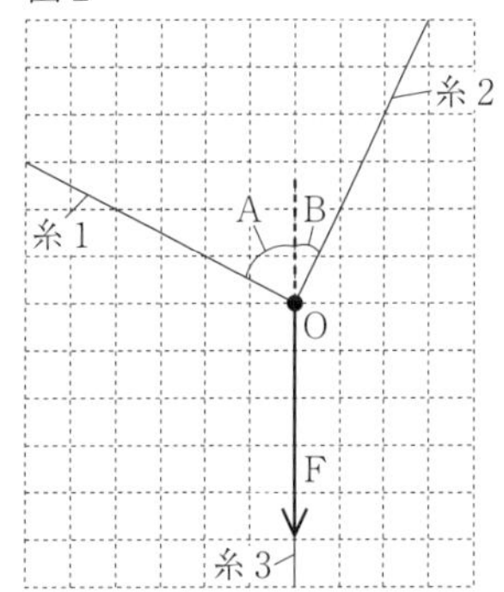

(3) 次は，A，Bの角度を大きくしていったときの，ばねばかり1，2がそれぞれ示す値と，糸1，2が点Oを引く力の合力についてまとめたものである。［ a ］，［ b ］にあてはまる言葉として適切なものを，後のア～ウからそれぞれ1つずつ選び，記号で答えなさい。

> A，Bの角度を大きくしていったとき，ばねばかり1，2がそれぞれ示す値は，［ a ］。また，A，Bの角度を大きくしていったとき，糸1，2が点Oを引く力の合力は，［ b ］。

ア　大きくなる　　イ　小さくなる　　ウ　変わらない

(4) 図1でA，Bの角度の大きさがそれぞれ60°のとき，ばねばかり1が示す値は何Nか，求めなさい。

6	(1)		(2)		(3)					
7	(1)	力の	(2)	図中に記入	(3)	a		b		(4) N

2 電流

ニューウイング 出題率 26.8%

【要点】

□ 回路	電流の流れる道すじ。 ※電流の流れる向き……電源の＋極→電球や電熱線→電源の－極
□ 直列回路	1本の道すじでつながっている回路。
□ 並列回路	枝分かれした道すじでつながっている回路。
□ 電流	電気の流れ。単位は **A**（アンペア）。
□ 電圧	回路に電流を流そうとするはたらき。単位は **V**（ボルト）。
□ 電流計	電流をはかりたい部分に**直列**につなぐ。
□ 電圧計	電圧をはかりたい部分に**並列**につなぐ。
□ 電気抵抗	電流の流れにくさを表す量。単位は**Ω**（オーム）。 ※1Vの電圧で1Aの電流が流れるとき，1Ω。
□ オームの法則	抵抗器などを流れる**電流**の大きさは，加わる**電圧**の大きさに**比例**する。 **電圧(V)＝電気抵抗(Ω)× 電流(A)**
□ 導体	金属のように，電流を通しやすい物質。
□ 不導体（絶縁体）	ガラスのように，電流をほとんど通さない物質。
□ 電気エネルギー	電流がもつ，光や音を発生させたり，物体を動かしたりする能力。
□ 電力	電流のはたらきを表す量。電気器具の能力を表す。単位は **W**（ワット）。 **電力(W)＝電圧(V)× 電流(A)**
□ 電力量	電流が消費したエネルギーの量。単位は **J**（ジュール）や **Wh**（ワット時）。 **電力量(J)＝電力(W)× 時間(s)** **電力量(Wh)＝電力(W)× 時間(h)**
□ 熱量	物体の温度を変化させる原因になる熱の量。 **電流による発熱量(J)＝電力(W)× 時間(s)**

《直列回路》

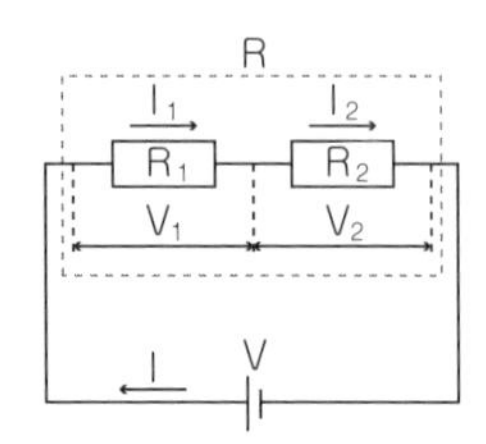

電圧　$V=V_1+V_2$

電流　$I=I_1=I_2$

抵抗　$R=R_1+R_2$

《並列回路》

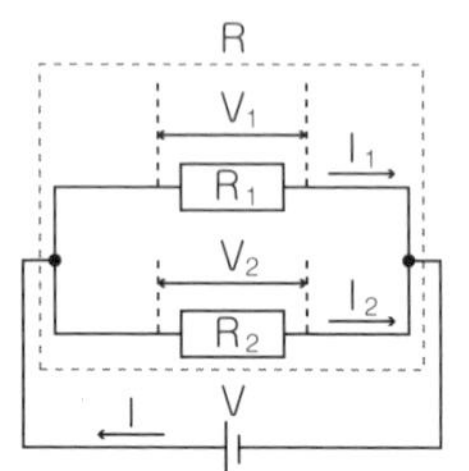

電圧　$V=V_1=V_2$

電流　$I=I_1+I_2$

抵抗　$\frac{1}{R}=\frac{1}{R_1}+\frac{1}{R_2}$

例 題 〈オームの法則〉

図Ⅰは2種類の電熱線A，Bの電圧と電流の関係をグラフに表したもので，図Ⅱと図Ⅲは電熱線A，Bを用いた回路図である。以下の問いに答えなさい。

図Ⅰ

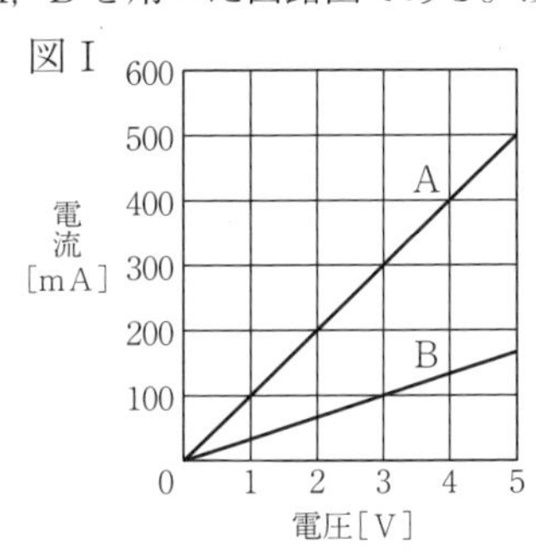

図Ⅱ

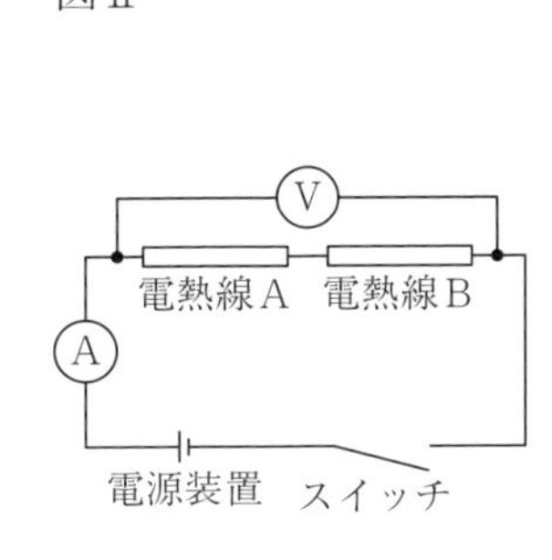

図Ⅲ

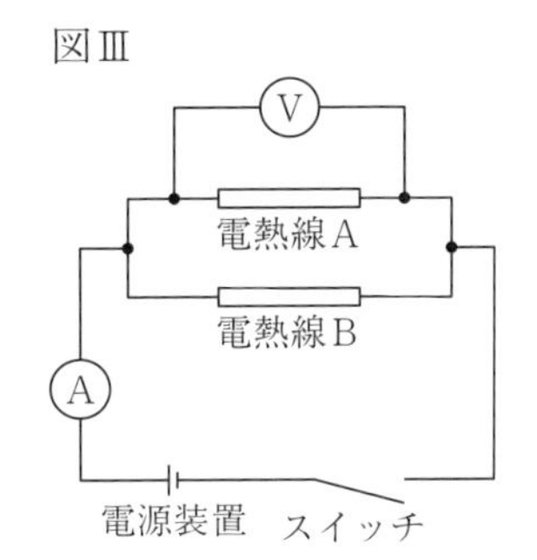

(1)　電熱線Aと電熱線Bの抵抗はそれぞれ何Ωですか。

(2)　図Ⅱで電源の電圧を6Vにしたとき，電流計は何Aを示しますか。

(3)　図Ⅲの回路全体の抵抗は何Ωですか。

(1)　図Ⅰより，

電熱線A：1Vの電圧を加えると，0.1Aの電流が流れる。

電熱線B：3Vの電圧を加えると，0.1Aの電流が流れる。

よって，各電熱線の抵抗は，

> 単位の変換を忘れないように，注意！
> 1000mA=1Aなので，
> $100(\mathrm{mA}) \times \frac{1}{1000} = 0.1(\mathrm{A})$

電熱線A：$\frac{1(\mathrm{V})}{0.1(\mathrm{A})} = 10(\Omega)$

電熱線B：$\frac{3(\mathrm{V})}{0.1(\mathrm{A})} = 30(\Omega)$

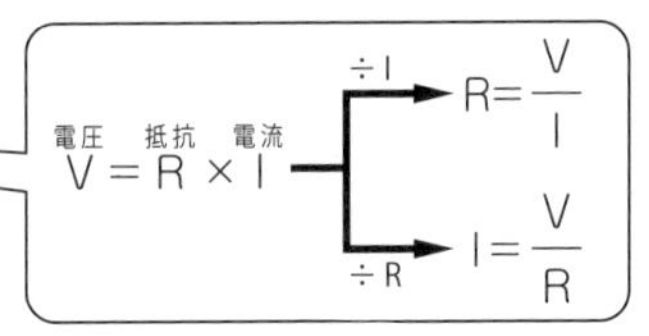

(2)　図Ⅱは**直列回路**なので，回路全体の抵抗は，

$10(\Omega) + 30(\Omega) = 40(\Omega)$

> 直列回路では，各電熱線の抵抗の和で求められる。

よって，回路全体に6Vの電圧を加えたとき，

回路に流れる電流は，

$\frac{6(\mathrm{V})}{40(\Omega)} = 0.15(\mathrm{A})$

> 直列回路に流れる電流は，どの部分でも，一定。

(3)　図Ⅲは**並列回路**なので，各電熱線に加わる電圧は，電源の電圧に等しい。

図Ⅰより，電源の電圧が3Vのとき，電熱線Aには0.3A，

電熱線Bには0.1Aの電流が流れるので，電流計に流れる電流は，

$0.3(\mathrm{A}) + 0.1(\mathrm{A}) = 0.4(\mathrm{A})$

よって，図Ⅲの回路全体の抵抗は，

$\frac{3(\mathrm{V})}{0.4(\mathrm{A})} = 7.5(\Omega)$

> $\frac{1}{R} = \frac{1}{R_1} + \frac{1}{R_2}$ より，
> $R = \frac{R_1 R_2}{R_1 + R_2}$ を用いて，求めることもできる。

例題〈電流と発熱〉

電圧を自由に変えられる電源装置，電熱線A（10V―2W）と電熱線B（10V ― 5W）を用いて，右図のような装置をつくり，水100gをあたためる実験を行った。以下の問いに答えなさい。

電源装置
－
＋
電熱線A　電熱線B
水100g

(1)　電源装置の電圧を5Vにしたとき，電熱線Aで消費される電力は何Wですか

(2)　電源装置の電圧を5Vにし，3分間電流を流した。このとき，電熱線Bから発生した熱量は何Jですか。

(3)　電源装置の電圧を10Vにし，10分間電流を流した。このとき，水温は何℃上昇しますか。
　ただし，水1gを1℃上昇させるのに必要な熱量を4.2Jとし，電熱線から発生した熱量はすべて水の温度上昇に使われるものとします。

(1)　電熱線Aは，10Vの電圧を加えると，2Wの電力を消費する。このとき，電熱線Aに流れる電流は，

$$\frac{2(W)}{10(V)}=0.2(A)$$

なので，抵抗の大きさは，

$$\frac{10(V)}{0.2(A)}=50(\Omega)$$

よって，5Vの電圧を加えたとき，流れる電流は，

$$\frac{5(V)}{50(\Omega)}=0.1(A)$$

なので，消費される電力は，

$$5(V)\times 0.1(A)=0.5(W)$$

「10V―2W」の表示は，**10Vの電圧**を加えたときの**消費電力が2W**であることを表す。

並列回路なので，電熱線に加わる電圧は，電源装置の電圧と同じ。

電圧と消費電力は，比例関係になっていないことに，注意！

(2)　(1)と同様にして，電熱線Bに5Vの電圧を加えたとき，消費される電力を求めると，

$$5(V)\times 0.25(A)=1.25(W)$$

よって，3分＝180秒間に発生した熱量は，

$$1.25(W)\times 180(s)=225(J)$$

「10V―5W」
→10Vで流れる電流＝0.5A
→5Vで流れる電流＝0.25A

(3)　10Vの電圧を加えたときの消費電力は，電熱線Aが2W，電熱線Bが5Wなので，10分＝600秒間に電熱線から発生する熱量の合計は，

$$2(W)\times 600(s)+5(W)\times 600(s)=4200(J)$$

ここで，水100gを1℃上昇させるのに必要な熱量は，

$$4.2(J)\times\frac{100(g)}{1(g)}=420(J)$$

よって，電熱線から発生した熱量により，上昇する水温は，

$$1(℃)\times\frac{4200(J)}{420(J)}=10(℃)$$

段階をふんで，考えよう。
　水1gが1℃上昇…4.2J
→水100gが1℃上昇…□J
→水100gが□℃上昇…4200J

1　次の実験について，(1)，(2)の問いに答えなさい。　（福島県[改題]）

実験

Ⅰ　図1のように，電圧1.5Vの乾電池，抵抗の大きさがわからない抵抗器aと抵抗の大きさが30Ωの抵抗器b，電流計，スイッチを用いて回路をつくり，回路に流れる電流の大きさを測定したところ30.0mAの電流が流れていることがわかった。

Ⅱ　図2のように，電圧1.5Vの乾電池，抵抗の大きさが30Ωの抵抗器b，抵抗の大きさが15Ωの抵抗器c，スイッチを用いて回路をつくり，電流を流した。

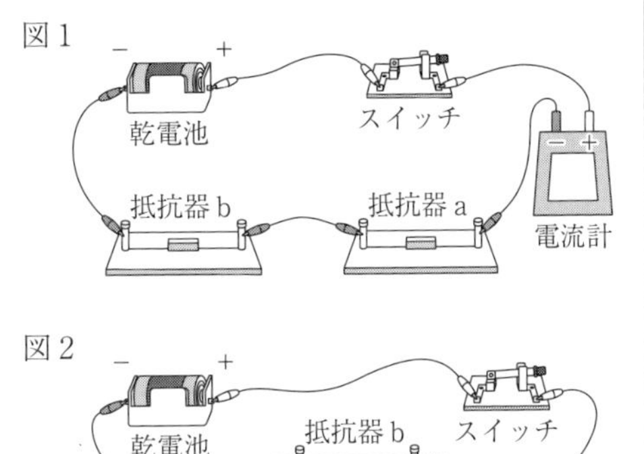

(1)　実験のⅠについて，次の①，②の問いに答えなさい。

①　図1の中の電流計のようすが正しく示されているものを，次のア～ウの中から1つ選びなさい。

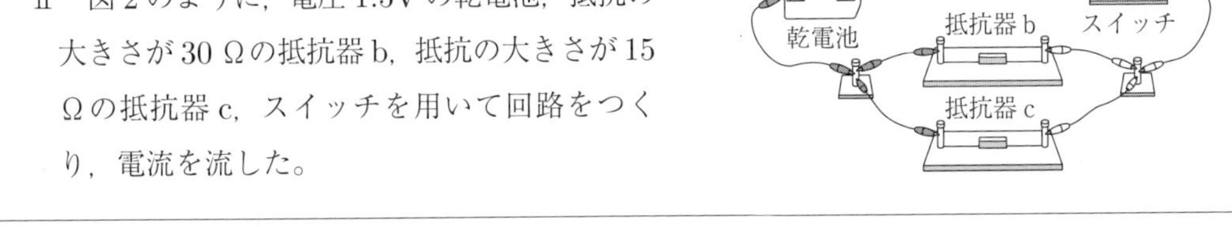
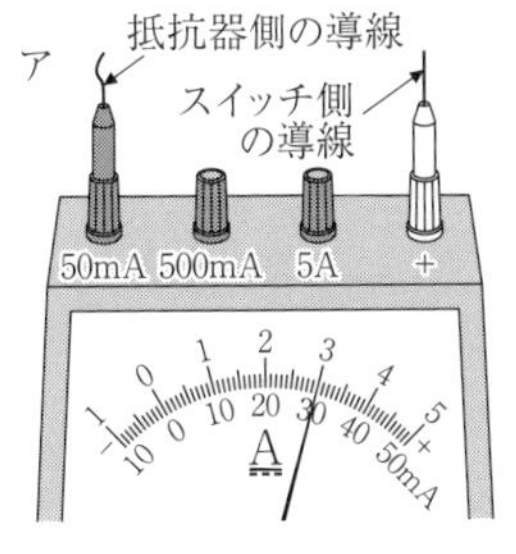

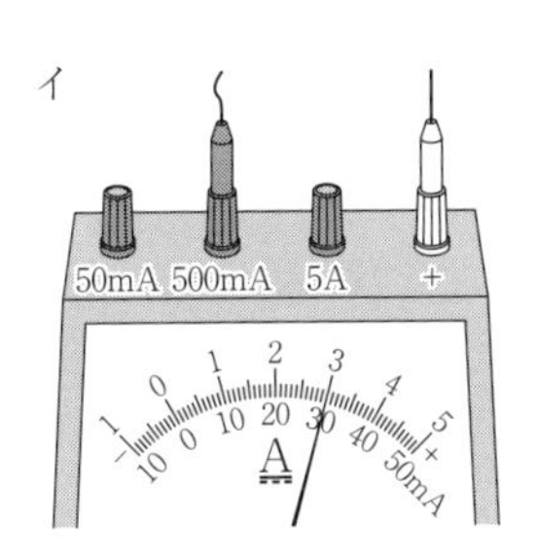

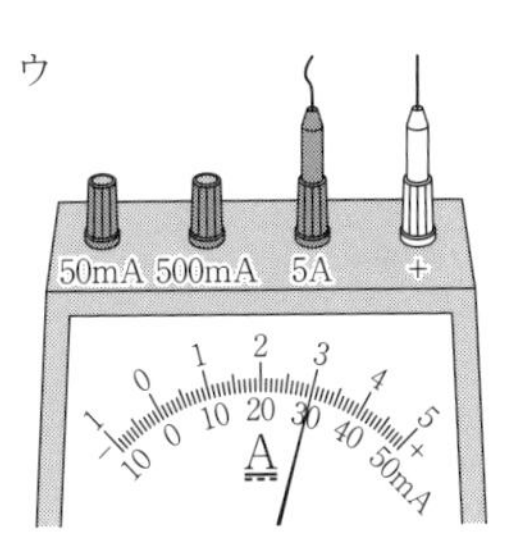

②　抵抗器aの抵抗の大きさは何Ωか。求めなさい。

(2)　次のア～エは，実験のⅡの回路の特徴を述べたものである。正しいものはどれか。ア～エの中から1つ選びなさい。

ア　各抵抗器に流れこむ電流の大きさの和は，各抵抗器から流れ出る電流の大きさの和より大きい。

イ　回路全体に流れる電流の大きさは，各抵抗器を流れるそれぞれの電流の大きさより小さい。

ウ　回路全体の抵抗の大きさは，各抵抗器の抵抗の大きさよりも大きい。

エ　各抵抗器に加わる電圧の大きさは，乾電池の電圧の大きさに等しい。

1	(1)	①		②	Ω	(2)	

2 電圧と電流について調べる実験や，電力に関する後の(1)～(9)に答えなさい。　（大阪薫英女高）

下の図1～図3に示したように電源，抵抗器，電流計を組み合わせた装置を作り，電流を流した。そのとき，電圧や抵抗，測定された電流などは図の中に示したような値になった。この実験に関する後の(1)～(4)に答えなさい。

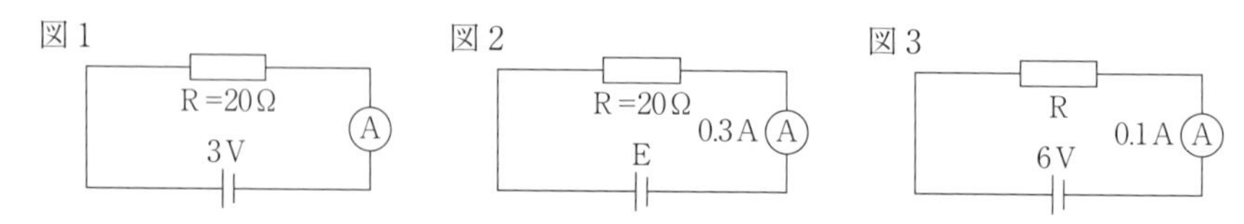

(1)　図1に示した電流計は何Aを示すか答えなさい。

(2)　図2に示した電源の電圧Eの値は何Vであるか答えなさい。

(3)　図3に示した抵抗Rの値は何Ωであるか答えなさい。

(4)　回路に流れる電流をさらに強くしたいとき，電源の電圧は大きくした方が良いか，小さくした方が良いかどちらか。大きくした方が良いと考えられる場合は「大」と，小さくした方が良いと考えられる場合は「小」と答えなさい。

下の図4は，2本の電熱線 R_1 と R_2 を使って金属線に流れる電流と電圧との関係を調べたときの回路を示している。また，図5はそのときのa点とb点の電流の変化を記録したグラフである。この実験に関する後の(5)～(9)に答えなさい。

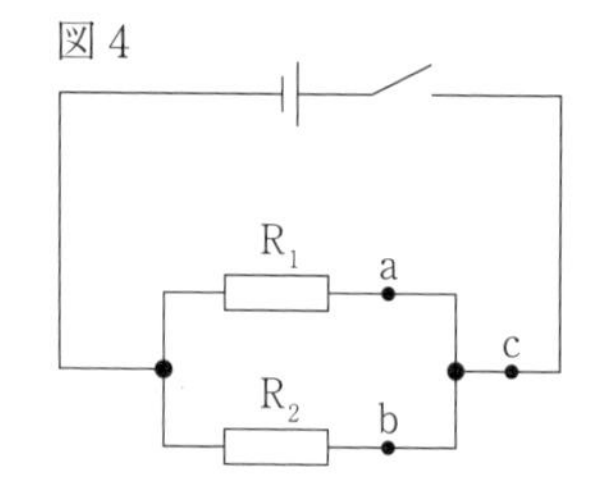

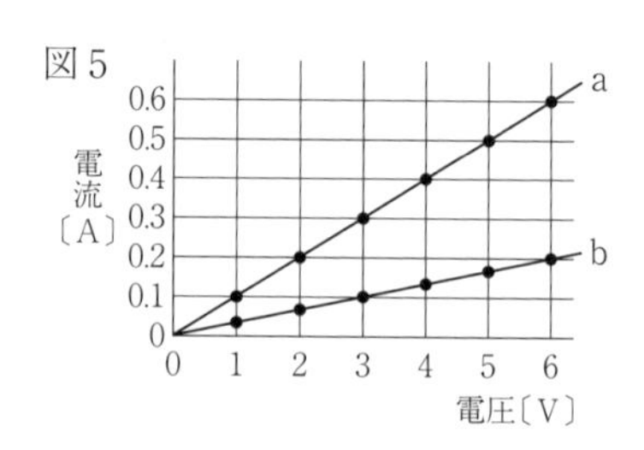

(5)　この回路で，電源の電圧を3Vにしてスイッチを入れたとき，c点の電流の大きさを答えなさい。

(6)　電熱線 R_1 と R_2 について誤っている文章を，次のア～エの中から1つ選び，記号で答えなさい。

ア　同じ強さの電流が流れるとき，R_1 の方が R_2 よりも大きな電圧が加わっている。

イ　同じ電圧を加えたとき，R_1 の方が R_2 よりも強い電流を流す。

ウ　R_1 の抵抗より，R_2 の抵抗の方が大きい。

エ　電圧が変化しても，R_1 や R_2 の抵抗の大きさは変化しない。

(7)　R_1 の抵抗の値を求めなさい。

(8)　金属線などは電気を通しやすい物質ですが，それに対してゴムやガラスなどのように電気を通しにくい物質を何と言うか答えなさい。

(9)　身のまわりには電気を使った器具が数多くあります。電流が電気エネルギーによって光などを発生させますが，そのはたらきは電力という量で表されます。使用される電力を求める式として正しいものを次のア～ウの中から1つ選び，記号で答えなさい。

ア　電力＝抵抗×電圧　　イ　電力＝抵抗×電流　　ウ　電力＝電圧×電流

3 図1のグラフは種類の異なる抵抗器P，Qに電流を流したときのそれぞれの電圧と電流の関係を示したものである。また，図2，図3はこれらの抵抗器を用いて作った回路である。以下の問いに答えなさい。　　（滋賀学園高）

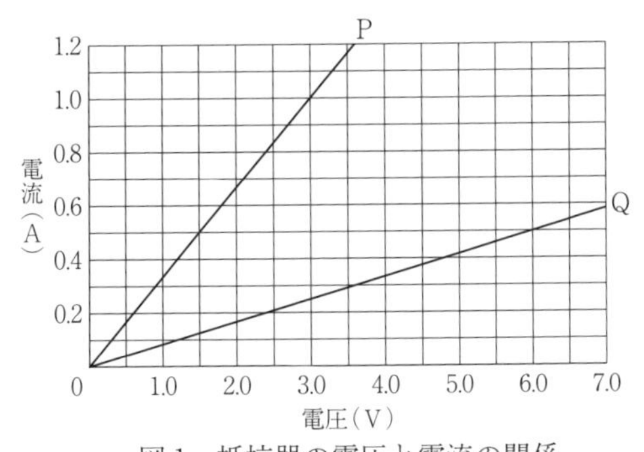

図1　抵抗器の電圧と電流の関係

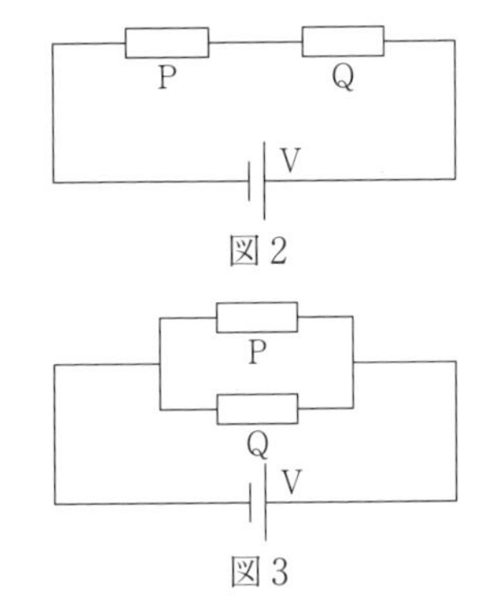

(1) 図1から電圧と電流はどのような関係にあるか，答えなさい。

(2) 問1のような関係を何の法則というか，答えなさい。

(3) 図1から抵抗器Pに4.5Vの電圧を加えたとき，抵抗器Pに流れる電流の大きさは何Aと考えられるか，答えなさい。

(4) 抵抗器Pの抵抗の大きさは何Ωか，求めなさい。

(5) 図2のような回路を何回路というか，答えなさい。

(6) 図3の回路において，抵抗器P，抵抗器Qの合成抵抗の大きさは何Ωか，求めなさい。

(7) 図3の回路において，回路全体に加わる電圧の大きさが12Vのとき，回路全体に流れる電流の大きさは何Aか，求めなさい。

(8) 次の文を読み，空欄に入る適当な語句の組合せとして正しいものはどれか。右のア～エから1つ選び，記号で答えなさい。

	ア	イ	ウ	エ
①	図2	図2	図3	図3
②	I × V	$\frac{I}{V}$	I × V	$\frac{I}{V}$

家庭用の電気配線は（ ① ）のような回路になっているため，一定の電圧がかかるようになっている。電圧をV，電流をIとすると消費電力は（ ② ）で求めることができる。

<table>
<tr><td rowspan="2">2</td><td>(1)</td><td>A</td><td>(2)</td><td>V</td><td>(3)</td><td>Ω</td><td>(4)</td><td></td></tr>
<tr><td>(5)</td><td>A</td><td>(6)</td><td></td><td>(7)</td><td>Ω</td><td>(8)</td><td></td><td>(9)</td><td></td></tr>
<tr><td rowspan="2">3</td><td>(1)</td><td></td><td>(2)</td><td>の法則</td><td>(3)</td><td>A</td><td>(4)</td><td>Ω</td></tr>
<tr><td>(5)</td><td>回路</td><td>(6)</td><td>Ω</td><td>(7)</td><td>A</td><td>(8)</td><td></td></tr>
</table>

4 次の文章を読み，各問いについて答えなさい。　　　　　　　　　　　　　　　　　　　　　（自由ケ丘高）

電熱線Xと電熱線Yを用意し，電熱線の発熱量と水の温度上昇との関係を調べる実験を行った。

電熱線X，電熱線Y，電源装置，電流計，電圧計を用いて図1のような回路をつくり，それぞれの電熱線について，電圧と電流の関係を調べると，図2のようになった。

図1

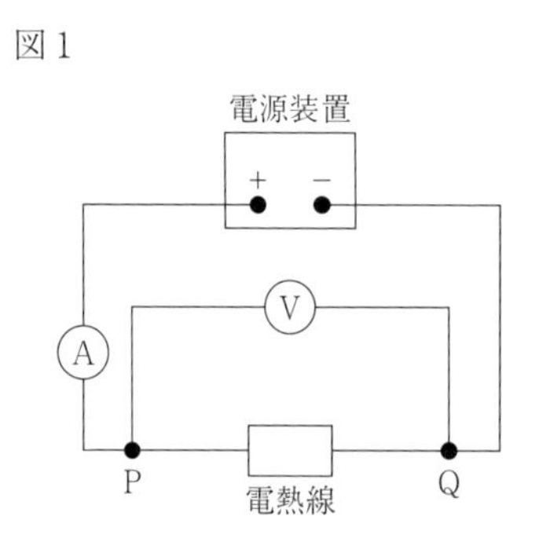

図2

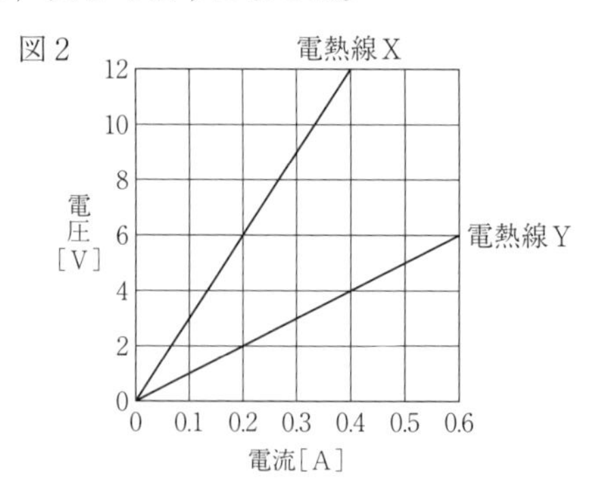

図1の回路の端子P，Qの間の電熱線を，図3のように，それぞれがビーカーに入った電熱線Xと電熱線Yを直列につないだものに変えて，電流計の値が0.80Aになるように，電源装置の電圧を調節した。

図3

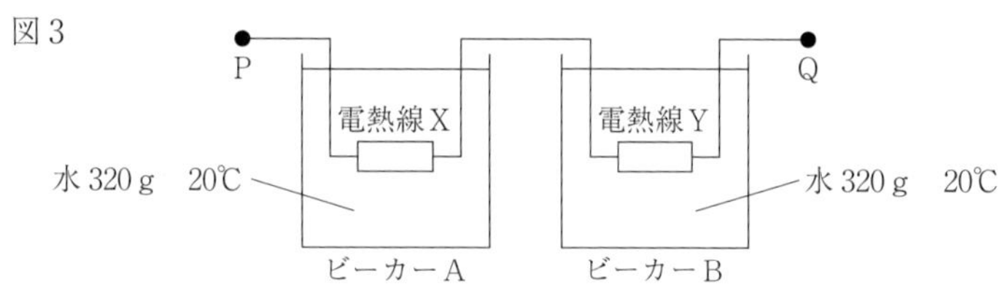

次に，図1の回路の端子P，Qの間の電熱線を，図4のように，それぞれがビーカーに入った電熱線Xと電熱線Yを並列につないだものに変えて，電圧計の値が15Vになるように電源装置の電圧を調節した。

図4

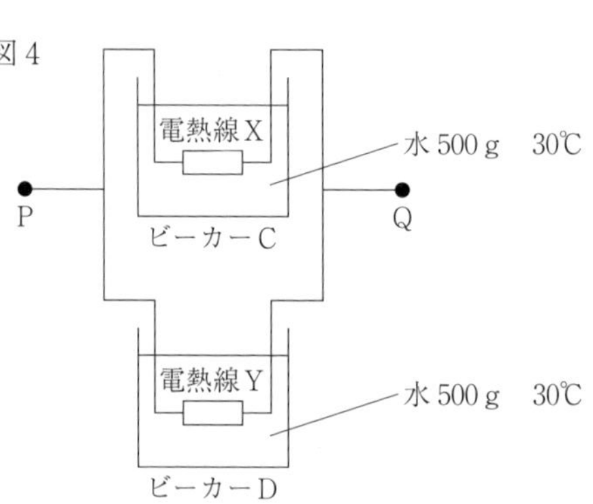

図3，図4の実験では，電熱線から発生する熱量は，すべて水の温度上昇に使われる。また，水1gの温度を1℃上昇させるためには4.2Jの熱量が必要である。

⑴　図3や図4の実験では，高温の電熱線にふれた水が加熱され，温度が上昇していく。このように，高温の物体から低温の物体へ熱が移動する熱の伝わり方を何というか。用語で答えなさい。

⑵　電熱線Xの抵抗は何Ωか。

⑶　図3のとき，電圧計は何Vを示すか。

⑷　図4のとき，電流計は何Aを示すか。

⑸　図3の状態で210秒間電流を流し続けたとき，ビーカーA，Bの水の温度は，どちらのほうが何℃高くなるか。

⑹　図4の状態で210秒間電流を流し続けたとき，ビーカーC，Dの水の温度は，どちらのほうが何℃高くなるか。

5 抵抗の大きさが違う電熱線 A，B があります。18 ℃の水 100g を入れた容器に，電熱線 A，B をそれぞれ入れて図 1 のような装置をつくりました。電源電圧の大きさを 10V として，3 分間電流を流したあと，それぞれの水温を調べたところ，下表のようになりました。ただし，電熱線から発生する熱はすべて水温の変化につかわれるものとします。また，水 1 g を 1 ℃上昇させるのに必要な熱量は 4.2J とします。次の各問いに答えなさい。　（東海大付大阪仰星高）

図 1

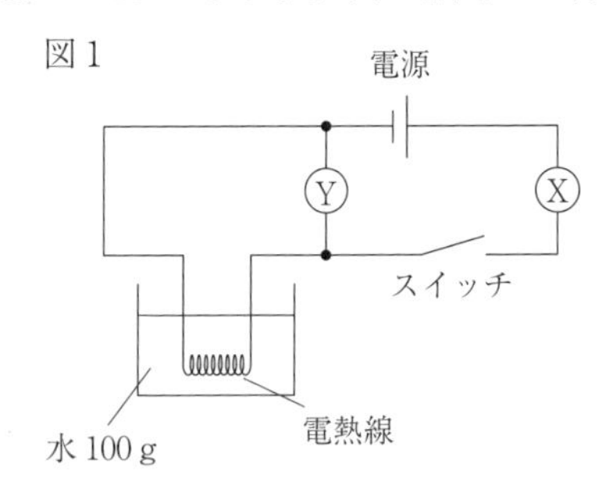

電流が流れ始めてからの時間〔分〕	0	1	2	3
電熱線 A の水温〔℃〕	18.0	19.8	21.6	23.4
電熱線 B の水温〔℃〕	18.0	18.6	19.2	19.8

(1) 図の X，Y には電流計と電圧計のどちらかを接続します。X と Y に接続する計器として適切なものはどちらですか，それぞれ答えなさい。

(2) 電熱線 A，B の 3 分間の発熱量は何 J ですか，それぞれ答えなさい。

(3) 電熱線 A を使って 15 分間電流を流したとき，消費される電力量は何 kWh ですか，答えなさい。

(4) 電熱線 B を使ったとき，電流計には何 A の電流が流れますか，答えなさい。

(5) 電熱線 A，B の抵抗の大きさは何Ωですか，小数点以下第 2 位を四捨五入して，それぞれ答えなさい。

(6) 図 2 のように，18 ℃の水 100g を入れた容器に，電熱線 A，B をそれぞれ入れ並列に接続し，電源電圧を変えずに 10 分間電流を流しました。このとき，それぞれの容器の水温は合わせて何℃上昇しますか，答えなさい。

図 2

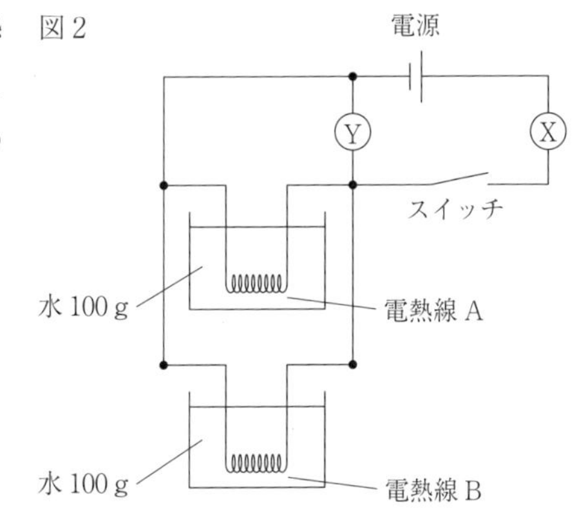

4	(1)		(2)	Ω	(3)	V	(4)	A
	(5)	ビーカー	温度	℃	(6)	ビーカー	温度	℃
5	(1)	X	Y		(2)	電熱線A　J	電熱線B　J	
	(3)	kWh	(4)	A	(5)	電熱線A　Ω	電熱線B　Ω	(6)　℃

物理

3 運動・エネルギー

ニューウイング出題率 30.0%

【要点】

□ 速さと向き	物体の運動のようすを表すために必要な量。
□ 平均の速さ	物体がある時間を，一定の速さで移動したと考えたときの速さ。 **平均の速さ(m/s)＝移動距離(m)／移動にかかった時間(s)**
□ 瞬間の速さ	自動車のスピードメーターのように，平均をとる時間を非常に短くしたときの速さ。
□ 自由落下	物体が真下に落下するときの運動。
□ 等速直線運動	物体に**力がはたらいていない**ときや，はたらく**力がつり合っている**ときに，**一定の速さで一直線上を動く**運動。 **移動距離(m)＝速さ(m/s)×時間(s)**
□ 慣性の法則	物体に**力がはたらいていない**ときや，はたらく**力がつり合っている**とき，静止している物体は**静止**し続け，運動する物体は**等速直線運動**をする。
□ 慣性	物体が慣性の法則にしたがい運動をする性質。
□ 仕事	物体に力を加えて，動かしたときの力のはたらきを表す量。 **仕事(J)＝加えた力の大きさ(N)×力の向きに動いた距離(m)**
□ 仕事の原理	道具を使っても，使わなくても，物体にする仕事の量は変わらないこと。
□ 仕事率	一定の時間にする仕事の量。 **仕事率(W)＝仕事(J)／仕事にかかった時間(s)**
□ エネルギー	物体に対して仕事をする能力。単位は**J**。 ※物体に**仕事をする**→物体のもつ**エネルギーは増える。**
□ 位置エネルギー	高い位置にある物体がもつエネルギー。 ※物体の**質量**と**基準面からの高さ**のそれぞれに**比例**する。
□ 運動エネルギー	運動する物体がもつエネルギー。 ※物体の**質量**に**比例**し，物体の**速さの2乗**に**比例**する。
□ 力学的エネルギー	位置エネルギーと運動エネルギーの和。
□ 力学的エネルギー保存の法則	摩擦や空気の抵抗がはたらかないとき，力学的エネルギーは一定に保たれる。
□ エネルギー保存の法則	エネルギーがいろいろな種類に移り変わっても，その総量は変化しない。 ※力学的エネルギーの保存……位置エネルギーと運動エネルギーの間で成り立つ，エネルギーの保存。
□ 変換効率	もとのエネルギーから，目的のエネルギーへ変換される割合。 ※電気エネルギーから光エネルギーへの変換効率……**LED＞白熱電球**

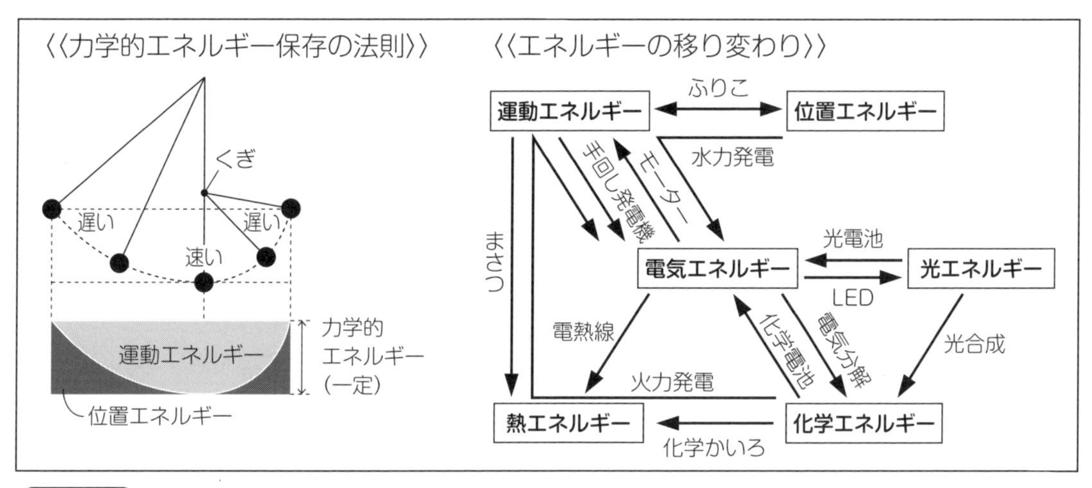

例題 〈物体の運動〉

図Ⅰのように，台車が斜面上から水平面上へと進む運動を，1 秒間に 60 回打点する記録タイマーで記録しました。図Ⅱ，図Ⅲは，この記録テープを 6 打点ごとに区切り，各区間を時間経過の順に A ～ I とした結果です。次の問いに答えなさい。ただし，斜面や水平面と台車の間にはまさつはなく，斜面と水平面はなめらかにつながっています。

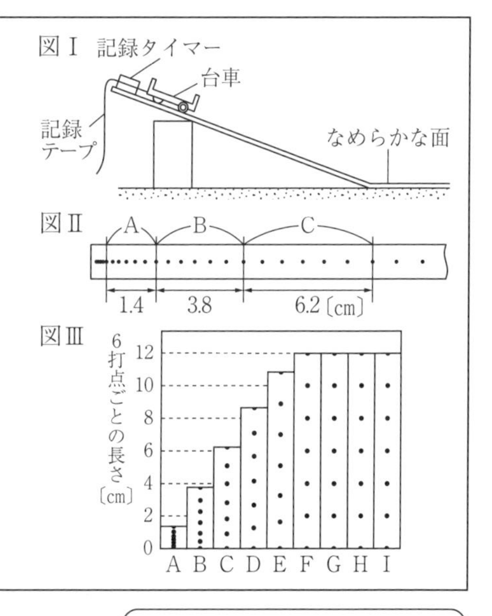

⑴ テープ A の最初の打点から，テープ C の最後の打点までにかかる時間は何秒ですか。

⑵ ⑴のとき，台車の平均の速さは何 m/s ですか。

⑶ 台車が水平面上だけを動いているときのテープを，図Ⅲの A ～ I からすべて選びなさい。

⑴ 1 区間を記録するのにかかる時間は，

$$\frac{1}{60}(\mathrm{s})\times 6(\text{打点})=0.1(\mathrm{s})$$

なので，テープ A ～ C の 3 区間にかかる時間は，

$$0.1(\mathrm{s})\times 3(\text{区間})=0.3(\mathrm{s})$$

> 1 秒間に 60 回打点するので，1 打点間にかかる時間は $\frac{1}{60}$ 秒。

⑵ テープ A ～ C の 3 区間での移動距離は，

$$1.4(\mathrm{cm})+3.8(\mathrm{cm})+6.2(\mathrm{cm})=11.4(\mathrm{cm})=0.114(\mathrm{m})$$

よって，平均の速さは，

$$\frac{0.114(\mathrm{m})}{0.3(\mathrm{s})}=0.38(\mathrm{m/s})$$

> 単位の変換は，忘れないように，注意！

⑶ なめらかな水平面上では，等速直線運動をする。
よって，各区間のテープの長さは一定になるので，水平面上だけを動いているのは，F・G・H・I。

> 等速直線運動
> →一定時間の移動距離が同じ。
> →テープの長さが一定。
> ※テープの長さの変化から，テープ E の途中で，水平面に達したこともわかる。

例題〈仕事〉

滑車を使って，仕事に関する実験を行いました。次の問いに答えなさい。ただし，実験で使ったひもは伸び縮みせず，まさつやおもり以外の質量は考えないものとします。

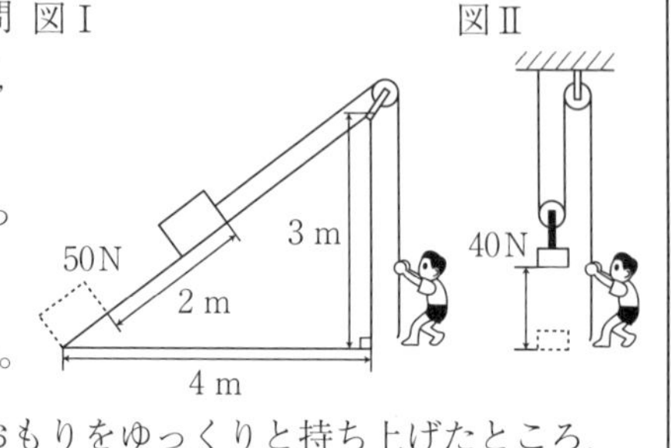

(1)　図Ⅰのように，斜面に沿って，重さ 50N のおもりをゆっくりと 2 m 持ち上げた。人がした仕事は何 J ですか。

(2)　(1)の仕事を 5 秒でしたとすると，仕事率は何 W ですか。

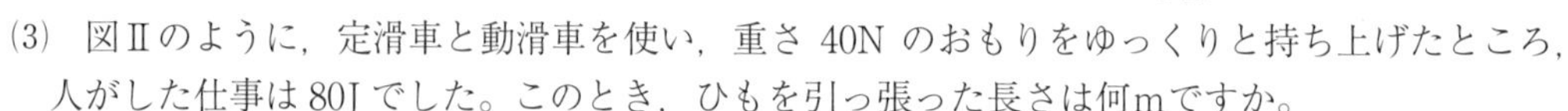

(3)　図Ⅱのように，定滑車と動滑車を使い，重さ 40N のおもりをゆっくりと持ち上げたところ，人がした仕事は 80J でした。このとき，ひもを引っ張った長さは何mですか。

(1)　右図より，おもりにはたらく重力の斜面方向への分力は，

$$50(\mathrm{N})\times\frac{3}{5}=30(\mathrm{N})$$

なので，この人は 30N の力でひもを 2 m 引っ張った。

よって，人がした仕事は，$30(\mathrm{N})\times2(\mathrm{m})=60(\mathrm{J})$

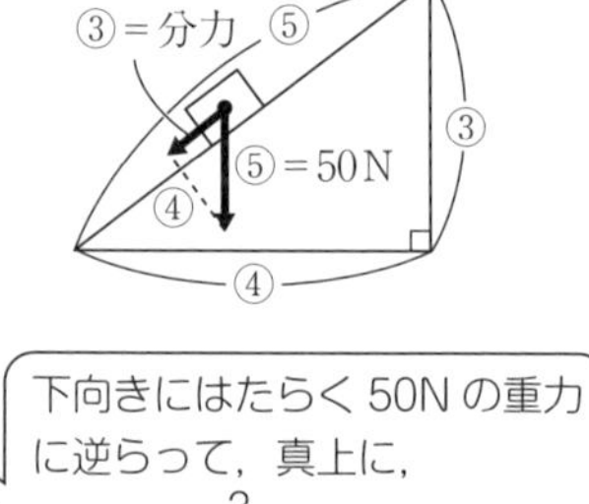

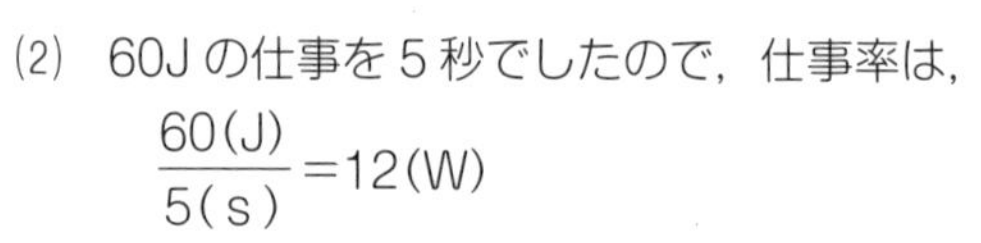

(2)　60J の仕事を 5 秒でしたので，仕事率は，

$$\frac{60(\mathrm{J})}{5(\mathrm{s})}=12(\mathrm{W})$$

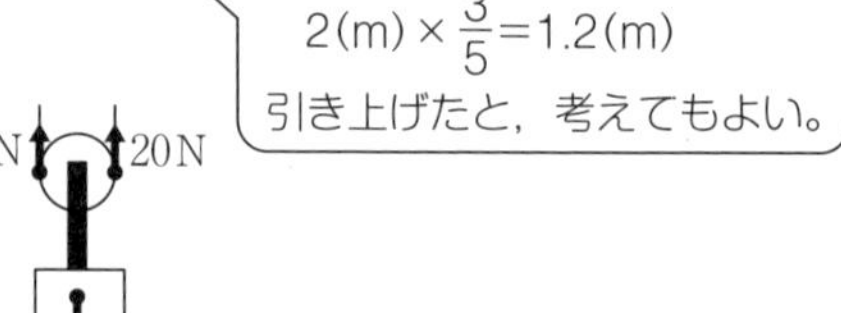

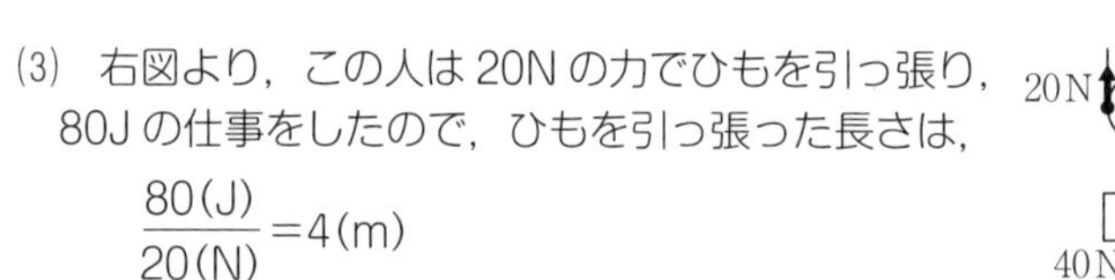

(3)　右図より，この人は 20N の力でひもを引っ張り，80J の仕事をしたので，ひもを引っ張った長さは，

$$\frac{80(\mathrm{J})}{20(\mathrm{N})}=4(\mathrm{m})$$

例題〈力学的エネルギー保存の法則〉

図のように，伸び縮みしない糸の一方の端を固定し，もう一方の端に重さ 3N のおもりをつけました。おもりを点 A から，静かにはなしたところ，おもりは AD 間を往復するふりこの運動を続けました。次の問いに答えなさい。

(問い)　おもりが点 C を通るときの運動エネルギーは，点 B を通るときの運動エネルギーの何倍ですか。

点 B から点 A までおもりを持ち上げる仕事は，

$$3(\mathrm{N})\times0.5(\mathrm{m})=1.5(\mathrm{J})$$

なので，最下点 B での運動エネルギーは 1.5J。

点 B から点 A まで持ち上げる仕事
→最高点 A での位置エネルギー
＝おもりの力学的エネルギー
＝最下点 B での運動エネルギー

また，点 C での位置エネルギーは，

$$3(\mathrm{N})\times0.3(\mathrm{m})=0.9(\mathrm{J})$$

なので，点 C での運動エネルギーは，

$$1.5(\mathrm{J})-0.9(\mathrm{J})=0.6(\mathrm{J})$$

よって，$\frac{0.6(\mathrm{J})}{1.5(\mathrm{J})}=0.4(倍)$

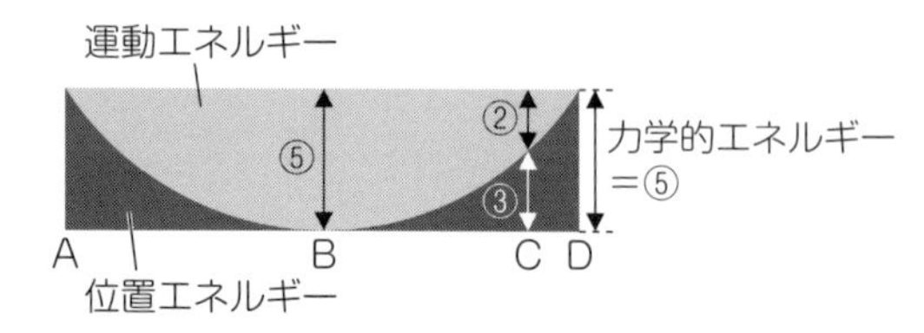

STEP UP

1　図1のように台車にテープをつけ，なめらかな斜面上において静かにはなした。台車が斜面から水平面上を運動する様子を，1秒間に60回打点する記録タイマーを用いて調べた。図2は得られたテープの一部を6打点ごとに切り，左から順に台紙にはりつけたものである。以下の問いに答えなさい。ただし，台車には摩擦力や空気抵抗は働かないものとする。　（履正社高）

図1

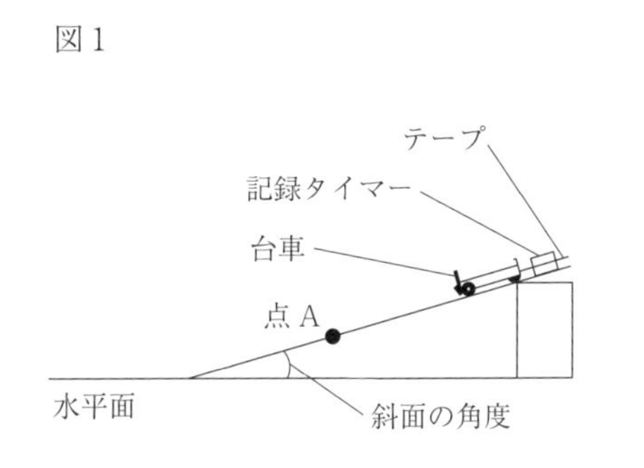

図2

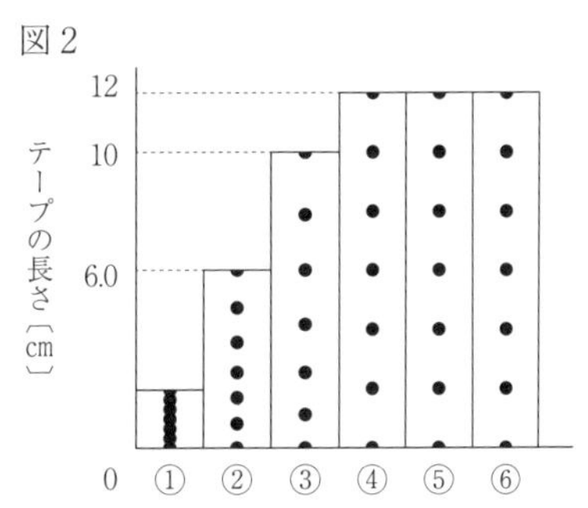

(1)　6打点ごとのテープの長さは何秒間に進んだ距離を表すか。

(2)　図2のテープ②の区間における，台車の平均の速さは何cm/秒か。整数で答えなさい。

(3)　台車が水平面上を運動するとき，台車にはたらく力を2つ漢字で書きなさい。

(4)　台車が水平面上を運動するとき，図2の④～⑥の運動をいつまでも保ち続けようとする。台車のもつこの性質を何というか。漢字で書きなさい。

(5)　台車が動き始めてからの運動について，縦軸に速さ，横軸に時間をとったグラフを下のア～エから選びなさい。

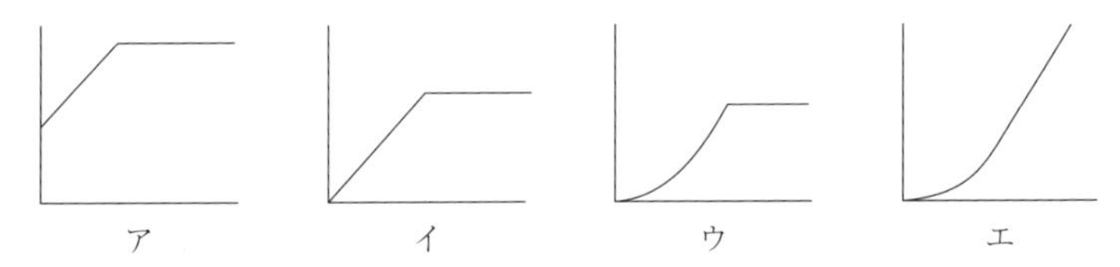

(6)　台車が動き始めてからの運動について，縦軸に移動距離，横軸に時間をとったグラフを，(5)のア～エから選びなさい。

(7)　この実験において，図1の斜面の角度だけを大きくして，最初と同じ地点から台車を静かにはなしたとき，斜面上の点Aにおける速さは速くなる。この理由を簡単に答えなさい。

1	(1)	秒	(2)	cm/秒	(3)			(4)	
	(5)		(6)		(7)				

2 物体の運動について調べるために，次の実験1，2を行った。後の問いに答えなさい。ただし，台車や滑車および記録タイマーの摩擦，テープおよび糸の重さや伸び，空気の抵抗は，無視できるものとする。（山形県）

【実験1】 図1のように，水平な台と記録タイマーを用いた装置を組み，台車を手で押さえて止めたまま，糸をおもりXの上面の中心につないだ。台車から静かに手をはなすと，台車は車止めに向かってまっすぐ進み，おもりが床に達したあともそのまま進み続け，車止めに当たった。台車から手をはなしたあとの台車の運動を，1秒間に50回打点する記録タイマーで記録した。

図2は，テープを基準点から0.1秒ごとに切り取り，グラフ用紙に貼りつけたものである。

【実験2】 おもりXよりも重いおもりYにとりかえ，実験1と同様のことを行った。

図3は，テープを基準点から0.1秒ごとに切り取り，グラフ用紙に貼りつけたものである。

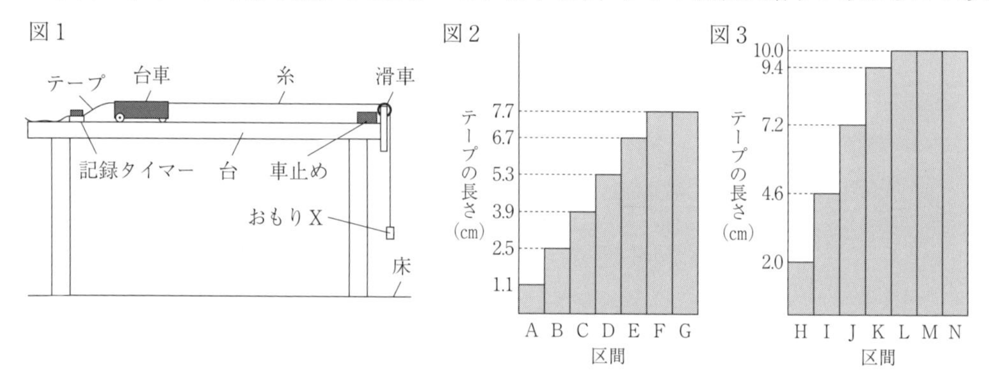

⑴ 図4は，台車から手をはなす前の，おもりにはたらく重力を，方眼紙上に示したものである。おもりにはたらく重力とつり合っている力を，重力の記入のしかたにならって，図4にかきなさい。

⑵ 実験1について，次の問いに答えなさい。

① 図5は，テープと打点を表している。基準点から0.1秒の区間を切り取る場合，どの位置で切り取ればよいか，適切なものを図5中のア～カから1つ選び，記号で答えなさい。

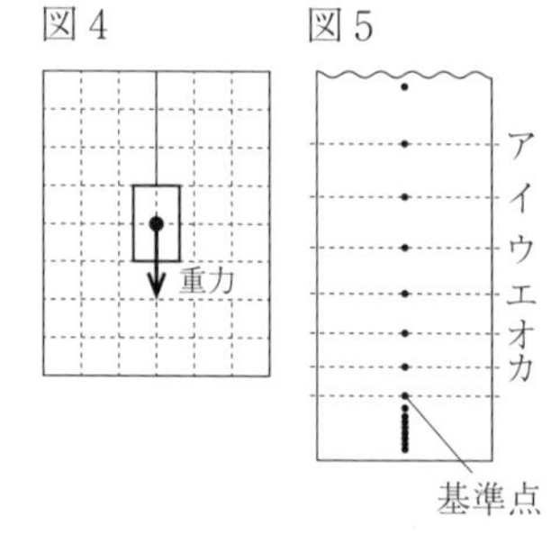

② 区間Cの台車の平均の速さに比べて，区間Dの台車の平均の速さは，何cm/s変化したか，書きなさい。

⑶ 次は，実験1，2の結果をもとにまとめたものである。［a］，［b］にあてはまるものの組み合わせとして適切なものを，後のア～カから1つ選び，記号で答えなさい。

> 運動の向きに一定の力がはたらく場合，物体の速さは一定の割合で変化する。また，物体にはたらく力が大きいほど，速さの変化の割合は［a］なる。
> また，実験2では，区間［b］でおもりが床につき，それ以降は物体を水平方向に引く力がはたらかなくなり，物体にはたらく力がつり合うため，物体の速さは一定になる。

ア　a 小さく　b J　　イ　a 小さく　b K　　ウ　a 小さく　b L
エ　a 大きく　b J　　オ　a 大きく　b K　　カ　a 大きく　b L

3　次の図1～4のように，2.0kgの物体を3.0mの高さまで一定の速さで引き上げる。ただし，摩擦，およびひもや滑車の質量は考えないものとし，100gの物体にはたらく重力の大きさを1.0Nとする。以下の問いに答えなさい。　（大阪商大高）

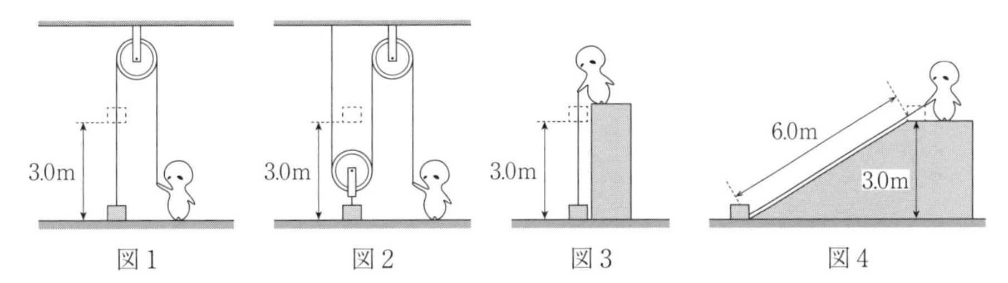

図1　図2　図3　図4

(1)　図1のように，定滑車にひもをかけて物体を引き上げる。ひもを引く力は何Nか。

(2)　図1や図2で使われている定滑車はどのようなはたらきをしているか。次のア～オから1つ選び記号で答えなさい。

ア　力の向きを変えることはできないが，ひもを引く力を小さくすることができる。

イ　力の向きを変えることはできないが，ひもを引く距離を小さくすることができる。

ウ　力の向きを変えることができ，ひもを引く力を小さくすることができる。

エ　力の向きを変えることができ，ひもを引く距離を小さくすることができる。

オ　力の向きだけを変えることができる。

(3)　図2のように，動滑車を用いて物体を引き上げる。次の文章の（ ① ）～（ ③ ）に適する語句の組み合わせを右のア～カから選び記号で答えなさい。

	ア	イ	ウ	エ	オ	カ
①	0.5	0.5	0.5	2	2	2
②	1.5	2.0	6.0	1.5	2.0	6.0
③	1	1.5	1	0.5	1	2

　動滑車を用いて物体を3.0m引き上げるとき，人がひもを引く力の大きさは図1のときの（ ① ）倍になり，ひもを引く距離は（ ② ）mになった。よって，仕事の大きさは図1の（ ③ ）倍になる。

(4)　図3のように，物体にひもを取り付けて3.0mの高さまで直接引き上げた。このとき，人が物体にした仕事は何Jか。

(5)　図4のように，物体にひもを取り付けて斜面に沿って6.0m移動させ，3.0mの高さまで引き上げた。このとき，人がひもを引く力の大きさは何Nか。

(6)　(5)において，物体は一定の速さ0.50m/sで引き上げられた。このとき，人が物体にした仕事の仕事率は何Wか。

2	(1)	図中に記入	(2)	①		②	cm/s	(3)	
3	(1)	N	(2)		(3)		(4)	J	(5) N
	(6)	W							

4 図１のように，質量 10kg の物体を滑車にかけ，１m 引き上げた。次の各問いに答えなさい。ただし，滑車やひもの摩擦や重さは，考えないものとする。（精華女高）

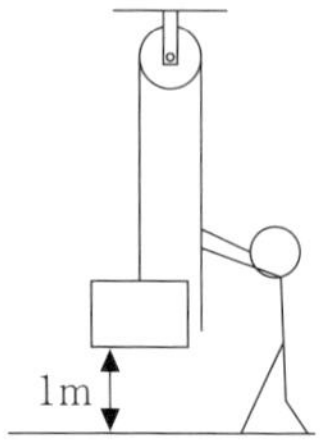

図１

(1)　この物体を１m 引き上げるためには，ひもを何 m 引けばよいか答えなさい。

(2)　この物体にはたらく重力の大きさは何 N か答えなさい。ただし，100g の物体にはたらく重力を１N とする。

(3)　この物体を１m 引き上げるのに５秒かかった。このときの仕事は何 J か答えなさい。また，このときの仕事率は何 W か答えなさい。

(4)　定滑車と動滑車を用いて，図２のように，質量 10kg の物体を滑車にかけ，１m 引き上げた。次の①，②の問いに答えなさい。

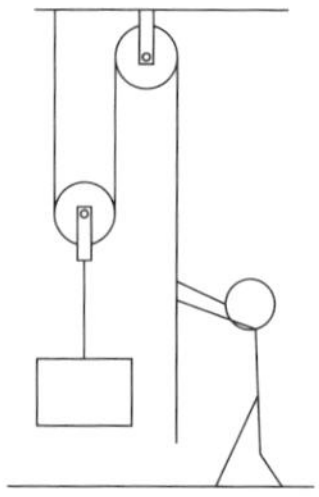

図２

①　このとき物体を引き上げるために必要な力は，図１のときの何倍か。あてはまるものを次のア～ウから１つ選び，記号で答えなさい。

ア　$\frac{1}{2}$ 倍　　イ　$\frac{1}{4}$ 倍　　ウ　$\frac{1}{8}$ 倍

②　このときひもを何 m 引けばよいか答えなさい。

5 次の問いに答えなさい。（金蘭会高[改題]）

(1)　図１のように，おもりが C 点にきたとき，糸がくぎに引っかかるように，くぎを固定した。おもりを A 点からはなすと，糸がくぎに引っかかった後，おもりはどの高さまで上がりますか。図のア～エから選び，記号で答えなさい。

図１

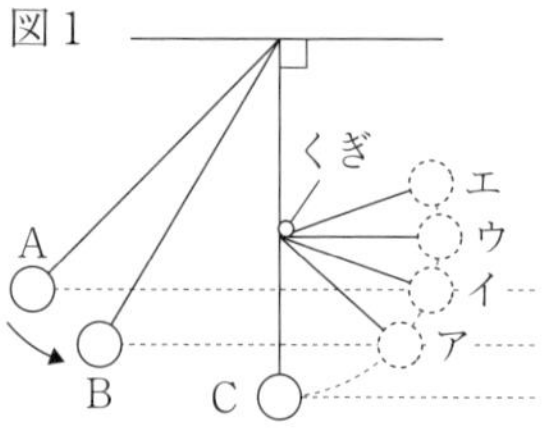

(2)　図２は，図１のくぎをとって，A 点からはなしたおもりが E 点まで振れたときの位置エネルギーの変化を表したグラフである。下の①，②の変化を表すグラフを次のア～キからそれぞれ選び，記号で答えなさい。

①　運動エネルギー

②　力学的エネルギー

図２

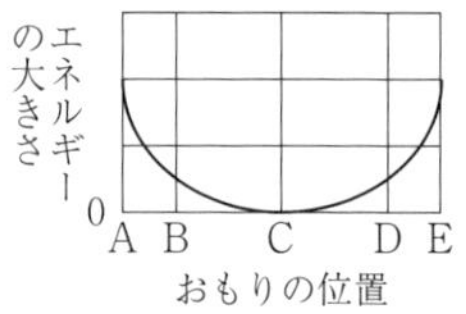

ア

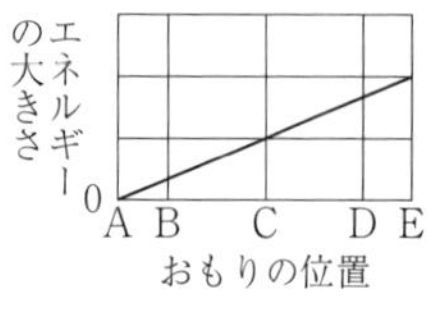

イ

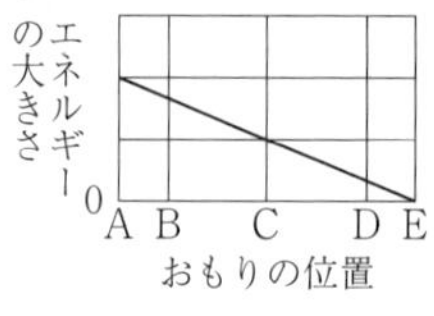

ウ

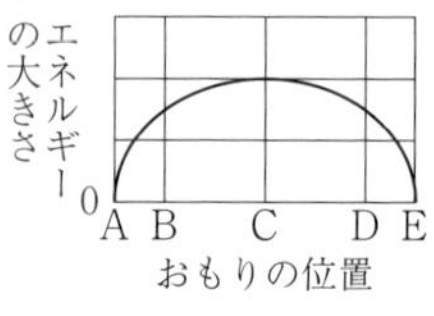

エ

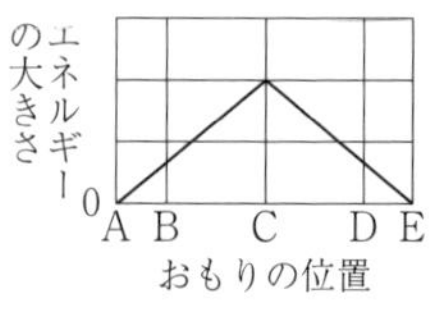

オ

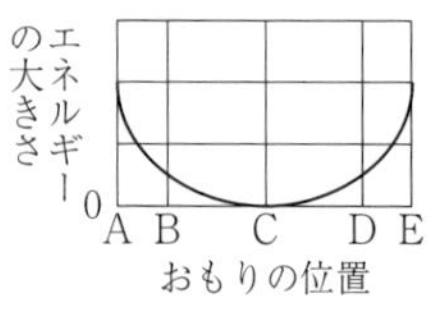

カ

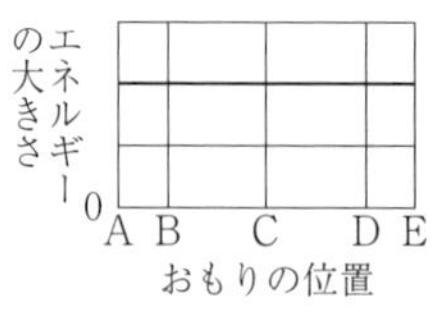

キ

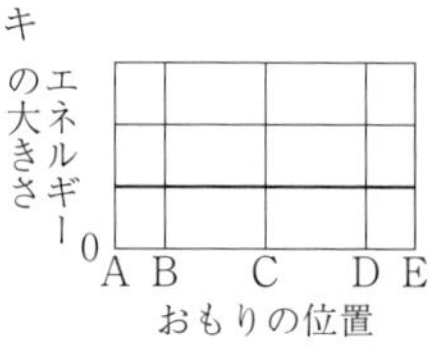

6 右図のようなふりこで，おもりをアの位置まで持ち上げて静かにはなしたところ，イ，ウ，エの位置を通り，おもりはアと同じ高さのオの位置まで上がった。これについて，次の各問いに答えなさい。ただし，摩擦や空気の抵抗は考えないものとする。（京都精華学園高）

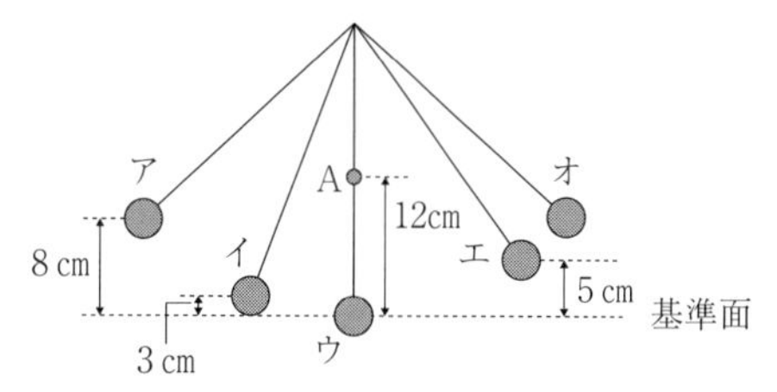

(1) 運動エネルギーが最大になっているのは，おもりがどの位置にあるときか。ア～オから１つ選び，記号で答えなさい。

(2) アの位置にあるおもりがもつエネルギーと同じ大きさの位置エネルギーをもつのは，おもりがどの位置にあるときか。イ～オから１つ選び，記号で答えなさい。

(3) おもりがもつ位置エネルギーが，おもりがもつ力学的エネルギーの $\frac{1}{6}$ の大きさであったとき，おもりがもつ運動エネルギーは，おもりがもつ位置エネルギーの何倍か。

(4) おもりがウの位置にきたときにふりこの糸が引っかかるように，点Aの位置にくいをさした。おもりをアの位置まで持ち上げて静かにはなすと，おもりはウの位置から何 cm の高さまで上がるか。

7 エネルギーにはいろいろな種類があり，移り変わっていく。次図は，「化学エネルギー」を中心に，エネルギーの移り変わりを模式的に表したものである。後の問いに答えなさい。（京都教大附高[改題]）

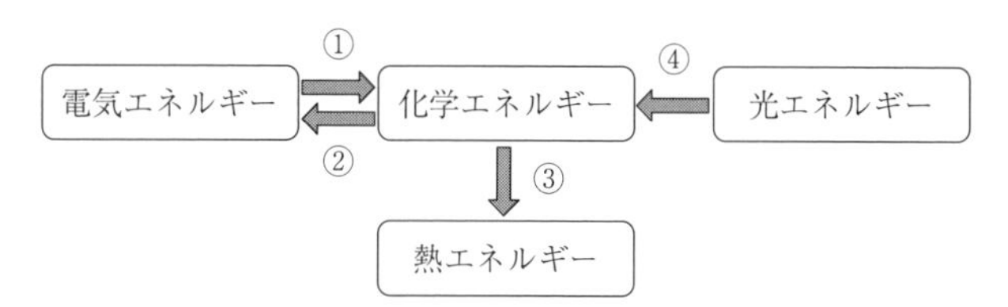

(1) 上図の②③④の矢印にあてはまる具体的な装置もしくは現象の例を，それぞれ１つずつ挙げなさい。

解答例　①…電気分解

(2) エネルギーが移り変わっても，エネルギーの総量は変化せず，つねに一定に保たれることを何というか。

4	(1) m	(2) N	(3) 仕事 J	仕事率 W			
	(4) ①	② m					
5	(1)	(2) ①	②				
6	(1)	(2)	(3) 倍	(4) cm			
7	(1) ②	③	④	(2)			

化 学

④ 物質どうしの化学変化

【要点】

□ **化学変化**	もとの物質とは性質のちがう物質ができる変化。
□ **原子**	化学変化では，それ以上分けることができない小さな粒子。
□ **分子**	いくつかの原子が結びついた粒子。
□ **単体**	１種類の元素からできている物質。
□ **化合物**	２種類以上の元素からできている物質。
□ **化学式**	物質を元素記号で表したもの。
□ **化学反応式**	化学変化を化学式で表したもの。
□ **質量保存の法則**	『化学変化の前後で物質全体の質量は変化しない』という法則。
□ **硫化鉄 (FeS)**	鉄（Fe）と硫黄（S）を混ぜたものを加熱するとできる物質。
□ **分解**	１種類の物質が２種類以上の別の物質に分かれる化学変化。 ※加熱による分解を**熱分解**という。
□ **炭酸水素ナトリウム ($NaHCO_3$)**	加熱すると，炭酸ナトリウム（Na_2CO_3），水（H_2O），二酸化炭素（CO_2）に分解する。
□ **酸化銀 (Ag_2O)**	加熱すると，銀（Ag），酸素（O_2）に分解する。
□ **電気分解**	物質に電流を流して分解すること。
□ **水 (H_2O)**	水を電気分解すると，陽極に酸素（O_2），陰極に水素（H_2）が発生する。 ※水だけでは電流がほとんど流れないので，**水酸化ナトリウム水溶液**や**うすい硫酸**を入れて，電流を流しやすくする。
□ **塩化コバルト紙**	液体が水かどうかを確認する際に使用する試験紙。 ※**水**にふれると**青色**から**赤色（桃色）**に変化する。

〈〈化学反応式の考え方〉〉（例：水の電気分解）

① 反応を**物質名で考える。**

水 → 水素 ＋ 酸素

② 物質名を**化学式に置きかえる。**

$H_2O \rightarrow H_2 + O_2$

③ 左辺と右辺の**原子の個数を合わせる。**

（左辺）H 原子が２個　O 原子が１個

（右辺）H 原子が２個　O 原子が２個

> O 原子が足りないからといって，『H_2O_2』としてはいけない。H_2O_2 は過酸化水素の化学式で，H_2O（水）とは異なる物質を表す。

左辺を２倍にすると，H 原子が４個，O 原子が２個で，O 原子の数は左辺と右辺で合う。

左辺の H 原子が４個となるので，右辺の H_2 を２倍にすると，H 原子は４個となり，左辺と右辺で合う。

よって，化学反応式は，**$2H_2O \rightarrow 2H_2 + O_2$**

《主な化学反応式》

□ 鉄 ＋ 硫黄 → 硫化鉄
$Fe + S \rightarrow FeS$

□ 銅 ＋ 硫黄 → 硫化銅
$Cu + S \rightarrow CuS$

□ 銅 ＋ 塩素 → 塩化銅
$Cu + Cl_2 \rightarrow CuCl_2$

□ 炭酸水素ナトリウム → 炭酸ナトリウム ＋ 二酸化炭素 ＋ 水
$2NaHCO_3 \rightarrow Na_2CO_3 + CO_2 + H_2O$

□ 酸化銀 → 銀 ＋ 酸素
$2Ag_2O \rightarrow 4Ag + O_2$

《化学変化における質量の関係》

物質Ａ	＋	物質Ｂ	＋…	→	物質Ｃ	＋	物質Ｄ	＋…
5g	＋	8g	＋…	＝	3g	＋	7g	＋…
10g	＋	16g	＋…	＝	6g	＋	14g	＋…

（上下の行は）比例関係
（物質ＡとＢは）比が一定
（物質ＣとＤは）比が一定
（＝は）化学変化の前後で，変化しない

例題〈炭酸水素ナトリウムの分解〉

炭酸水素ナトリウムを用いて，次の実験を行った。後の問いに答えなさい。

【実験】 まず，炭酸水素ナトリウム2.1gを試験管に入れ，質量を測定すると27.1gであった。次に，右図のように，試験管から気体が発生しなくなるまで加熱した。加熱後，十分に冷えてから試験管の口にたまった液体を完全に取り除いて，試験管の質量を測定すると26.3gであった。

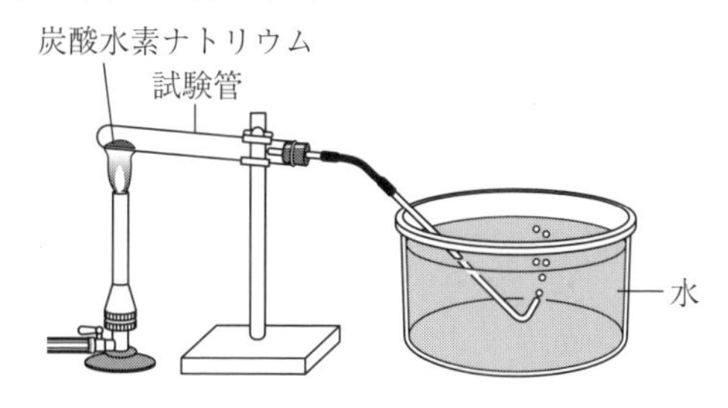

(1) この実験で，炭酸水素ナトリウムが分解してできた炭酸ナトリウムは何gですか。

(2) 炭酸水素ナトリウム0.7gを加熱すると，炭酸ナトリウムは何gできるか。ただし，小数第2位を四捨五入して，小数第1位まで答えなさい。

(1) 質量保存の法則より，
（炭酸水素ナトリウムの質量）
＝（炭酸ナトリウムの質量）
＋（水の質量）＋（二酸化炭素の質量）
が成り立つ。

> 化学変化の前後で，反応に関わった物質の質量の合計は，変化しない。

> ・試験管の口の液体…水
> ・発生した気体…二酸化炭素

発生した水と二酸化炭素の質量は，
27.1(g)－26.3(g)＝0.8(g)
なので，この実験で，炭酸水素ナトリウムを分解してできた炭酸ナトリウムの質量は，
（炭酸水素ナトリウムの質量）－（水と二酸化炭素の質量）
＝2.1(g)－0.8(g)＝1.3(g)

> ・水…完全に取り除いた。
> ・二酸化炭素…水中に出ていった。
> →反応前後の試験管の質量差
> ＝発生した水と二酸化炭素の質量

(2) 炭酸水素ナトリウム2.1gからできる炭酸ナトリウムは1.3gなので，
炭酸水素ナトリウム0.7gからできる炭酸ナトリウムの質量は，

$$1.3(g) \times \frac{0.7(g)}{2.1(g)} = 0.43\cdots(g)$$
より，0.4g。

> 炭酸水素ナトリウムの質量と，できた炭酸ナトリウムの質量は，**比例**する。

STEP UP

1 右図のような装置を用いて，乾燥した試験管Aに炭酸水素ナトリウムを入れて加熱すると，気体と液体が生じた。このうち，生じた気体は水上置換で試験管Bに捕集した。生じた液体は試験管Aの口付近に付着していた。また，試験管Aに白色の固体が残った。後の問いに答えなさい。

（京都女高[改題]）

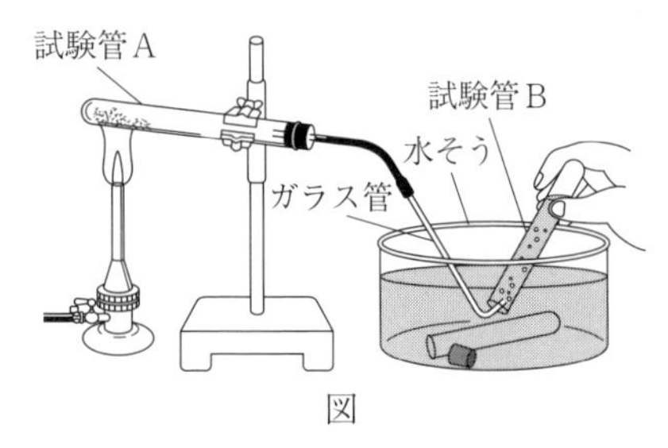

図

⑴　加熱によって生じた気体と液体はそれぞれ何か。名称を答えなさい。

⑵　加熱後の試験管Aに残った白色の固体は何か。名称を答えなさい。

⑶　加熱によって生じた液体が⑴の物質であることをたしかめるために，試験管Aの口付近についている液体に塩化コバルト紙をつけた。塩化コバルト紙の色は，何色から何色に変化するか。

⑷　図のように，加熱するときには試験管Aの口を少し下げなければならない理由を簡潔に述べなさい。

⑸　気体の発生が止まったところで，ガスバーナーの火を消す前に，ガラス管を水そうから抜かなければならない理由を簡潔に述べなさい。

⑹　加熱によって生じた気体が⑴の気体であることを確かめるためには，このあと，試験管Bに対してどのような操作を行えばよいか。簡潔に述べなさい。

2 酸化銀を加熱したときの変化を調べた。以下の文章を読み，次の各問いに答えなさい。

（東海大付福岡高）

試験管に少量の酸化銀を入れて，右図のような装置を用いて加熱したところ，試験管から気体が発生し，$_X$<u>酸化銀の色が変化し始めた</u>。発生した気体を（　Y　）を用いて，もう一つの試験管へ集めた。

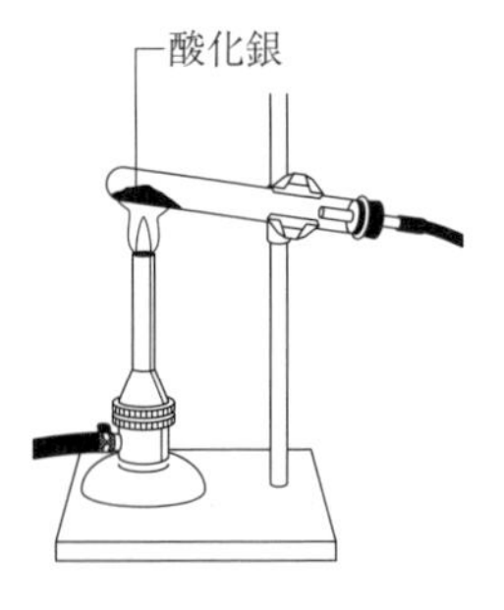

⑴　水素や窒素は1種類の元素からできている物質で，単体と呼ばれる。単体に対して，酸化銀のような物質を何というか，漢字で答えなさい。

⑵　発生した気体の集め方（　Y　）を何というか，漢字で答えなさい。

⑶　発生した気体を集めるとき，はじめに出てきた気体は集めずに，しばらくしてから出てきた気体を集めた。その理由を簡潔に説明しなさい。

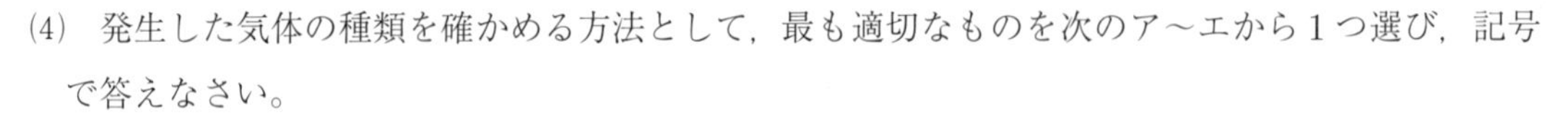

⑷　発生した気体の種類を確かめる方法として，最も適切なものを次のア～エから1つ選び，記号で答えなさい。

ア　その気体を集めた試験管の中に火の付いた線香を入れて，炎が上がるかどうか確かめる。

イ　その気体を集めた試験管の中に石灰水を加えて，白く濁るかどうかを確かめる。

ウ　その気体を集めた試験管の中に火の付いたろうそくを入れ，火が消えるかどうかを確かめる。

エ　その気体を集めた試験管の中にマッチの火を近づけ，「ポン!!」と音を立てて燃えるかどうかを確かめる。

(5) 下線部Xについて，酸化銀は何色から何色へと変化したか。最も適切な色を解答欄に合わせて答えなさい。

3 Aさんは，水に電流を流したときに起こる現象を調べるために，以下の手順で実験を行いました。これについて，後の問いに答えなさい。（初芝立命館高[改題]）

[実験]

手順1　水に少量の水酸化ナトリウムを溶かし，その水溶液を図のような電気分解装置に入れてゴム栓をした。はじめ，ピンチコックは閉じていた。

手順2　ピンチコックを開いてから，2つの電極を電源装置につないで電流を流した。

手順3　気体がたまったところで電流を流すのをやめ，ピンチコックを閉じた。

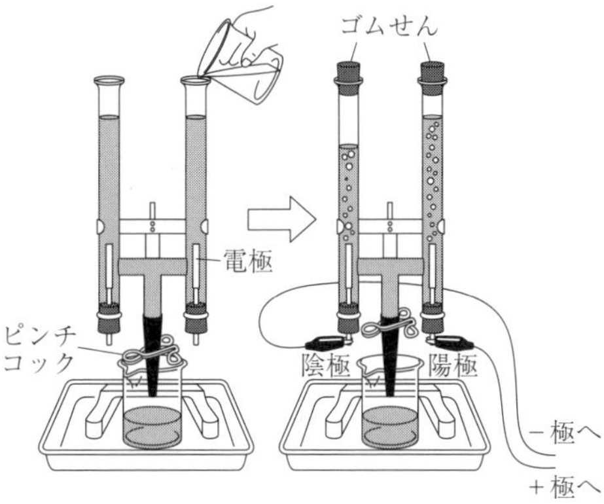

手順4　陰極側にたまった気体にマッチの炎を近づけた。

手順5　陽極側にたまった気体の中に火のついた線香を入れた。

[結果]

陰極側に気体が20 [cm^3]たまり，手順4で気体は音を立てて燃えた。また，手順5では線香が激しく燃えた。

(1) この実験で見られる変化を化学反応式で表しなさい。

(2) 手順1で水酸化ナトリウムを溶かした理由として，正しいものを1つ選び，記号で答えなさい。

ア　水に電流を流しやすくするため　　イ　発生した気体と中和させるため

ウ　電極が溶けるのを防ぐため　　エ　水溶液をアルカリ性にするため

(3) 手順2でピンチコックを開いた理由として，正しいものを1つ選び，記号で答えなさい。

ア　ピンチコックに電流が流れるのを防ぐため　　イ　気体の発生速度を速めるため

ウ　反応後の液体を捨てるため　　エ　容器内の圧力を下げるため

(4) 陽極に発生した気体の体積［cm^3］を求めなさい。

1	(1)	気体	液体	(2)		(3)	色から　色
	(4)						
	(5)			(6)			
2	(1)		(2)		(3)		
	(4)		(5)	色から　色			
3	(1)		(2)		(3)		(4) cm^3

4 右図のように，ある装置にうすい水酸化ナトリウム水溶液を入れて，しばらくの間電源につないで電流を流すと，それぞれの電極に異なる気体が発生しました。これをもとに以下の問いに答えなさい。（大阪学院大高）

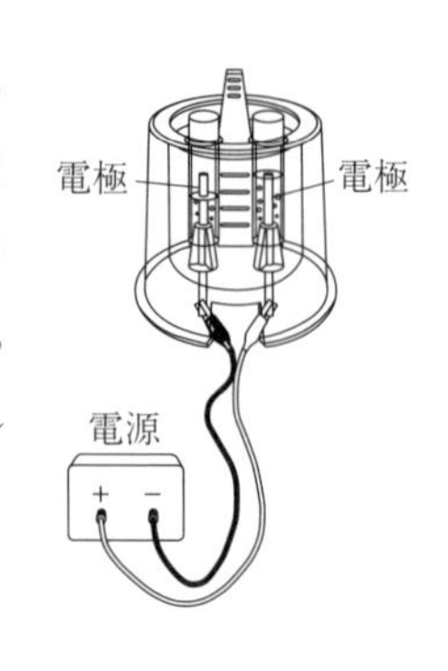

⑴　このようにして物質を分けることを何というか，漢字4文字で答えなさい。

⑵　このとき陽極側で発生した気体と，陰極側で発生した気体の体積の比として正しいものを選び，記号で答えなさい。

ア　陽極側で発生した気体：陰極側で発生した気体＝1：2

イ　陽極側で発生した気体：陰極側で発生した気体＝2：1

ウ　陽極側で発生した気体：陰極側で発生した気体＝3：2

エ　陽極側で発生した気体：陰極側で発生した気体＝2：3

オ　陽極側で発生した気体：陰極側で発生した気体＝1：1

⑶　このとき，陰極側で発生した気体の特徴として正しいものを1つ選び，記号で答えなさい。

ア　無色刺激臭の気体で，ろうそくの火を近づけると「ポン」と音を立てて燃えた。

イ　無色無臭の気体で，ろうそくの火を近づけると「ポン」と音を立てて燃えた。

ウ　無色無臭の気体で，火のついた線香を近づけると激しく燃えた。

エ　無色刺激臭の気体で，火のついた線香を近づけると激しく燃えた。

オ　無色無臭の気体で，石灰水に通じると白くにごる。

カ　無色刺激臭の気体で，石灰水に通じると白くにごる。

5 右図のように，炭素棒を電極として濃度10％の塩化銅水溶液の電気分解を行ったところ，一方の炭素棒からは気体が発生し，もう一方の炭素棒には固体が付着した。次の問いに答えなさい。

（京都文教高[改題]）

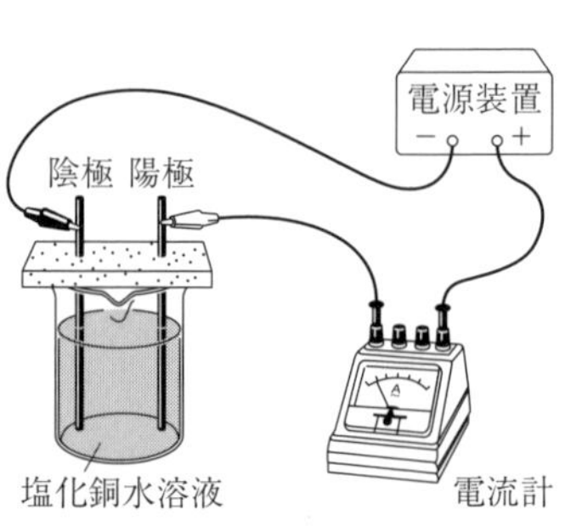

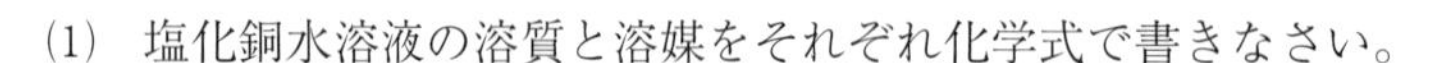

⑴　塩化銅水溶液の溶質と溶媒をそれぞれ化学式で書きなさい。

⑵　この塩化銅水溶液500g中に溶けている塩化銅は何gか。

⑶　この実験では分解という化学変化が起きている。分解が起きている化学反応として適するものを次のア～エから1つ選びなさい。

ア　食塩水を白い結晶がでてくるまで加熱する。

イ　酸化銀を気体が発生するまで加熱する。

ウ　砂糖を黒い物質になるまで加熱する。

エ　スチールウールを黒い物質ができるまで加熱する。

⑷　この実験で発生した気体の性質として最も適するものを次のア～オから1つ選びなさい。

ア　石灰水を白くにごらせる。　　イ　水に溶けてアルカリ性を示す。

ウ　ものが燃えるのを助ける。　　エ　上方置換法でも集められる。　　オ　漂白作用がある。

⑸　この実験の化学変化を化学反応式で表しなさい。

6 鉄と硫黄の反応について，以下の実験を行った。次の各問いに答えなさい。(東海大付福岡高[改題])

【実験1】

2本の試験管AとBにそれぞれ鉄の粉末4.2gと硫黄の粉末3.0gをよく混合した粉末を入れた。試験管Bを図のように加熱すると，混合した粉末の一部が赤くなった。反応が始まったところで加熱をやめても反応は進み，試験管の中に黒い物質が残った。その後，十分に冷ましたところ，試験管Bの内壁には黄色の物質が付いていることが確認できた。

図

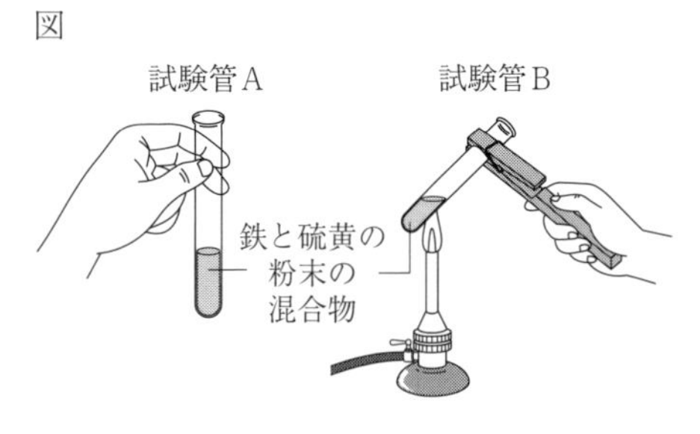

【実験2】

試験管Aの粉末と試験管Bの黒い物質に，それぞれ試験管の外側から磁石を近づけたところ，磁石が引き付けられるようすに違いがみられた。

【実験3】

試験管Aの粉末と試験管Bの黒い物質を，それぞれ別の試験管に少量とり，それぞれにうすい塩酸を加えたところ，ともに気体が発生した。試験管Bの黒い物質から発生した気体は，特有のにおいがした。

(1) 下の文章は，【実験1】～【実験3】について述べられたものである。①～③に当てはまる語句の正しい組み合わせを，右のア～エから1つ選び，記号で答えなさい。

	①	②	③
ア	試験管A	水素	硫化水素
イ	試験管A	硫化水素	水素
ウ	試験管B	水素	硫化水素
エ	試験管B	硫化水素	水素

【実験2】で，磁石が強く引き付けられたのは（ ① ）だけであった。また，【実験3】で発生した気体は，試験管Aの方は（ ② ），試験管Bの方は（ ③ ）であった。これらのことから，【実験1】で化学変化が起こっていたことがわかる。

(2) 【実験1】で起きた化学変化を化学反応式で表しなさい。

(3) 【実験1】の後，試験管Bに残った硫黄は何gあるか答えなさい。ただし，鉄と硫黄は，7：4の質量の比で反応し，鉄はすべて反応したものとする。

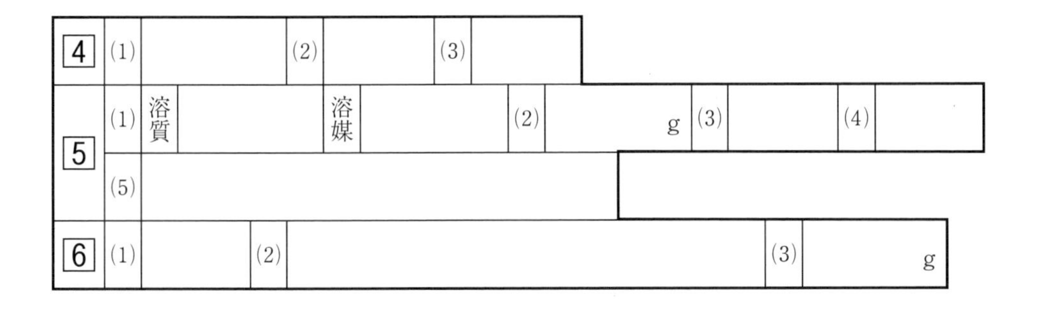

化学

5 酸素が関わる化学変化

17.8%

【要点】

□	**酸化**	物質が**酸素と結びつく**化学変化。
□	**酸化物**	酸化によってできた化合物。
□	**酸化銅 (CuO)**	銅（Cu）を空気中で加熱するとできる物質。 **※銅…赤色，酸化銅…黒色**
□	**酸化マグネシウム (MgO)**	マグネシウム（Mg）を空気中で加熱するとできる物質。 ※マグネシウム…銀白色，**酸化マグネシウム…白色**
□	**燃焼**	**激しく熱や光**を出しながら，物質が**酸化**する化学変化。 （例）スチールウール，マグネシウム，有機物が燃える変化。
□	**還元**	酸化物から**酸素が取り除かれる**化学変化。
□	**発熱反応**	化学変化にともない，熱が発生し，まわりの温度が上がる反応。 （例）物質の燃焼，化学かいろ
□	**吸熱反応**	化学変化にともない，熱を吸収し，まわりの温度が下がる反応。 （例）**塩化アンモニウムと水酸化バリウムの反応**，冷却パック

《酸化と還元の関係》

酸化銅 ＋ 水素 → 銅 ＋ 水
（酸化銅 → 銅：還元，水素 → 水：酸化）

《主な化学反応式》

□ 炭素 ＋ 酸素 → 二酸化炭素
$C + O_2 \rightarrow CO_2$

□ 銅 ＋ 酸素 → 酸化銅
$2Cu + O_2 \rightarrow 2CuO$

□ マグネシウム ＋ 酸素 → 酸化マグネシウム
$2Mg + O_2 \rightarrow 2MgO$

□ 酸化銅 ＋ 炭素 → 銅 ＋ 二酸化炭素
$2CuO + C \rightarrow 2Cu + CO_2$

□ 酸化銅 ＋ 水素 → 銅 ＋ 水
$CuO + H_2 \rightarrow Cu + H_2O$

例題 〈銅の酸化〉

銅を用いて，次の実験を行った。後の問いに答えなさい。

【実験】 右図のような装置で，銅の粉末を加熱した。加熱後，十分に冷めてから，できた黒色粉末の質量をはかった。銅の粉末の質量を変えて，この操作を繰り返した結果が次表である。ただし，加熱後，銅の粉末はすべて黒色粉末に変化していたものとする。

銅の質量（g）	0.50	0.60	0.70	0.80	0.90	1.00
加熱後の黒色粉末の質量（g）	0.62	0.75	0.88	1.00	1.12	1.25

(1) この実験の結果から，結びついた銅と酸素の質量の比を，最も簡単な整数の比で求めなさい。

(2) 2.00 g の銅の粉末を用いて，同じ実験を行った。加熱の途中で火を止め，十分に冷めてから粉末の質量をはかると，2.32g だった。酸素と結びつかずに残っている銅の質量を求めなさい。

(1) 表より，銅が 0.80g のとき，加熱後にできた酸化銅（黒色粉末）の質量は 1.00g。

質量保存の法則より，結びついた酸素の質量は，

1.00(g)－0.80(g)＝0.20(g)

よって，(銅)：(酸素)＝0.80(g)：0.20(g)＝4：1

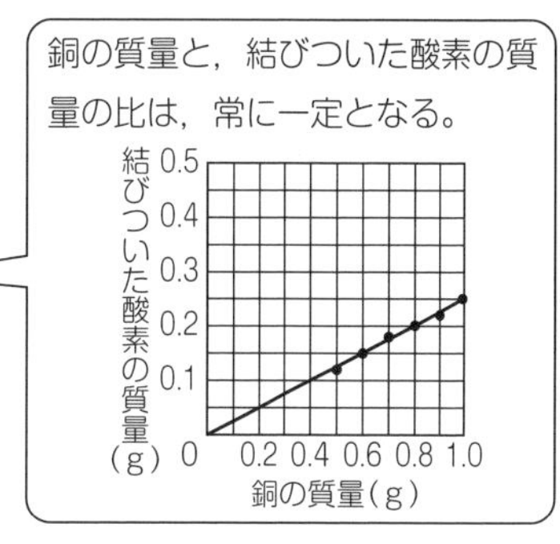

(2) 加熱後の粉末には，銅の粉末と酸化銅の粉末が残っている。

この実験で，銅と結びついた酸素の質量は，

2.32(g)－2.00(g)＝0.32(g)

なので，(1)より，酸化銅になった銅の質量は，

$$0.32(\text{g})\times\frac{4}{1}=1.28(\text{g})$$

よって，酸素と結びついていない銅の質量は，

2.00(g)－1.28(g)＝0.72(g)

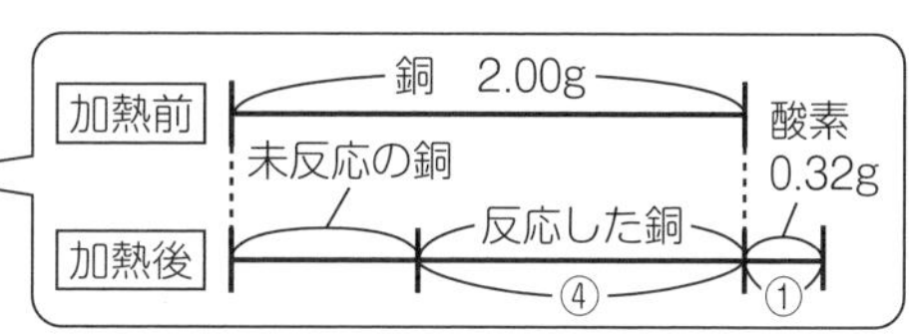

例題〈マグネシウムと銅の酸化〉

マグネシウムと銅を空気中で加熱すると，酸化マグネシウムや酸化銅が得られる。右のグラフは，マグネシウム・銅の質量と，それぞれがすべて反応したときにできる化合物の質量の関係を表したものである。このことから，次の問いに答えなさい。

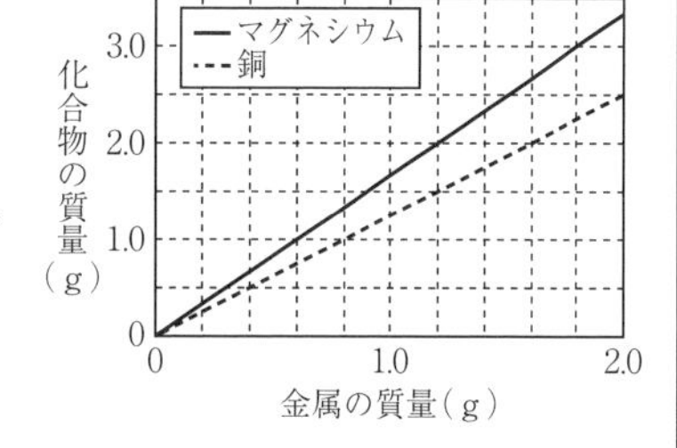

(1) 同じ質量の酸素と結びつくマグネシウムと銅の質量の比を，最も簡単な整数の比で求めなさい。

(2) マグネシウムと銅の混合物 4.2g を十分に加熱すると，6.5g になった。このとき，加熱前の混合物にふくまれるマグネシウムの質量を求めなさい。

(1) まず，それぞれの金属と結びつく酸素の質量の比を求める。

上のグラフにおいて，マグネシウムが 0.6g の値から，

（マグネシウム）：(酸素)＝0.6(g)：(1.0－0.6)(g)
＝3：2

金属の質量，化合物の質量のどちらも，グラフから読み取れる点を使おう。

銅が 0.8g の値から，

(銅)：(酸素)＝0.8(g)：(1.0－0.8)(g)＝4：1

よって，同じ質量の酸素と結びつくときの比は，

（マグネシウム）：(酸素)　＝3：2

(酸素)：(銅)＝　1：4

＝　2：8

より，（マグネシウム）：(銅)＝3：8

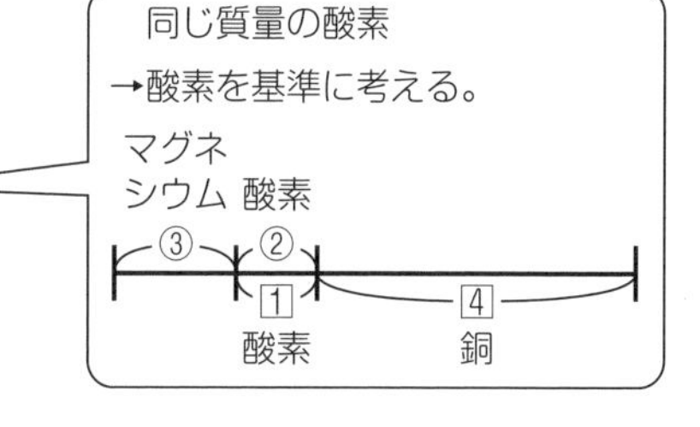

(2) 加熱前のマグネシウムを x g として，質量の関係をまとめると，右表のようになる。

	混合物	マグネシウム	銅
加熱前	4.2g	x g	$(4.2-x)$g
加熱後	6.5g	$\frac{3+2}{3}\times x$ g	$\frac{4+1}{4}\times(4.2-x)$g

加熱後の質量の関係から，

$$\frac{5}{3}x+\frac{5}{4}(4.2-x)=6.5$$

が成り立つ。これを解くと，$x=3.0$(g)

STEP UP

1 酸素がかかわる化学反応について調べるため，次の実験を行った。後の問いに答えなさい。

（富山県［改題］）

〈実験１〉

酸化銅を得るために，A～Eの班ごとに銅粉末をはかりとり，それぞれを図1のようなステンレス皿全体にうすく広げてガスバーナーで熱した。その後，よく冷やしてから加熱後の物質の質量を測定した。次表は班ごとの結果をまとめたものである。

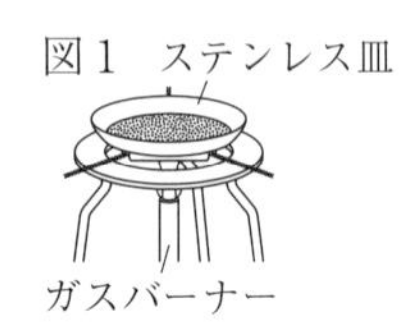

図１

表

班	A	B	C	D	E
銅粉末の質量〔g〕	1.40	0.80	0.40	1.20	1.00
加熱後の物質の質量〔g〕	1.75	1.00	0.50	1.35	1.25

(1) 表において，銅粉末がじゅうぶんに酸化されなかった班が１つある。それはA～Eのどの班か，１つ選び，記号で答えなさい。なお，必要に応じて右のグラフを使って考えてもよい。

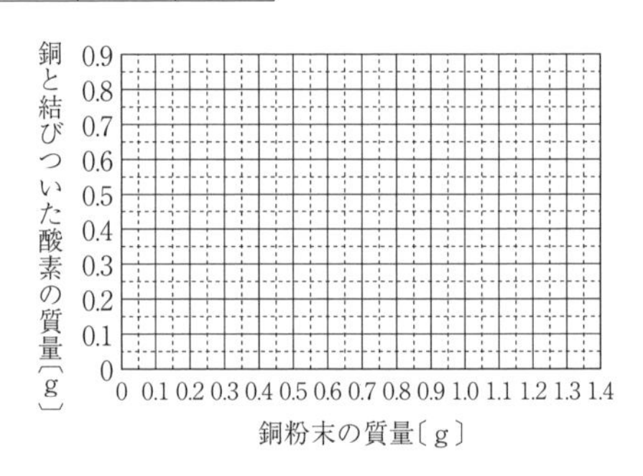

(2) (1)で答えた班の銅粉末は何％が酸化されたか，求めなさい。

(3) 実験１と同様の操作で3.0gの酸化銅を得るとき，銅と結びつく酸素の質量は何gか，求めなさい。

2 銅が酸素と結びついて酸化銅ができるときの，銅の質量と酸素の質量の比を求めるため，次のような実験をしました。下表は，この実験の結果をまとめたものです。これらについて，次の各問いに答えなさい。

（上宮太子高［改題］）

〔実験〕

① いろいろと質量を変えて銅の粉末をはかりとり，ステンレス皿にうすく広げるように入れ，皿を含めた全体の質量をはかる。

② ステンレス皿ごと加熱し，皿がじゅうぶんに冷めてから，全体の質量をはかる。

③ ②のあと，粉末をよくかき混ぜる。

④ 全体の質量が一定になるまで，②と③の操作を繰り返す。

銅の質量(g)	0.50	0.60	0.70	0.80	0.90
酸化銅の質量(g)	0.63	0.75	0.88	1.00	1.13

※ステンレス皿の質量は含んでいません。

(1) 物質が酸素と結びついて別の物質に変わる化学変化を何といいますか。

(2) この実験で起こる変化を化学反応式で表しなさい。

⑶　酸素のように，分子からできている物質として正しいものを，次のア～オからすべて選んで，記号で答えなさい。

ア　ドライアイス　　イ　炭素　　ウ　食塩　　エ　氷　　オ　銅

⑷　銅や酸素のように，1種類の原子が集まってできている物質を何といいますか。

⑸　銅と酸素が結びつくときの，銅の質量と酸素の質量の比を求めなさい。

⑹　1.50g の酸化銅には何 g の酸素が含まれていますか。

⑺　2.00g の銅を加熱したとき，加熱がじゅうぶんでなかったために，得られた物質の質量は 2.35g でした。このうち，酸素と結びつかなかった銅の質量は何 g ですか。

3　いろいろな質量の銅の粉末を用意し，十分に加熱して完全に酸化する実験を行いました。その実験で使った銅の粉末と，加熱した後に得られた酸化銅の質量は次表のようになりました。この実験に関する下の問いに答えなさい。（大阪薫英女高）

銅の粉末の質量（g）	0.20	0.40	0.60	0.80
得られた酸化銅の質量（g）	0.25	0.50	①	②

⑴　この実験で生じた酸化銅の色を次のア～オの中から1つ選び，記号で答えなさい。

ア　白色　　イ　黒色　　ウ　黄色　　エ　緑色　　オ　青色

⑵　前表の中の①，②に当てはまる数字をそれぞれ答えなさい。

⑶　この実験と同じ方法で酸化銅を 3.75g つくるには，銅の粉末はどれだけ必要か質量を答えなさい。

⑷　この実験結果から銅と酸素は同じ比率で結びつくことが分かります。その比率として正しいものを次のア～オの中から1つ選び，記号で答えなさい。なお，「銅：酸素」の順とします。

ア　1：1　　イ　2：1　　ウ　3：1　　エ　4：1　　オ　5：1

⑸　銅の粉末を 5.5g 用意して，この実験と同じ操作を行いました。しかし，完全に（全てを）酸化する前に加熱を終えてしまいました。その結果，加熱後の質量の合計は 6.5g となりました。このとき，酸素と反応せずに残った銅の質量を答えなさい。

1	⑴		⑵	%	⑶	g				
2	⑴		⑵		⑶		⑷			
	⑸	：	⑹	g	⑺	g				
3	⑴		⑵ ①		②		⑶	g	⑷	⑸ g

4 下図のようにステンレス皿に，いろいろな質量のマグネシウムや銅の粉末を入れてガスバーナーで十分加熱しました。そのとき，実験に用いた金属と加熱後にできた化合物の質量の関係を示したのが下のグラフです。これについて，後の各問いに答えなさい。　(星翔高[改題])

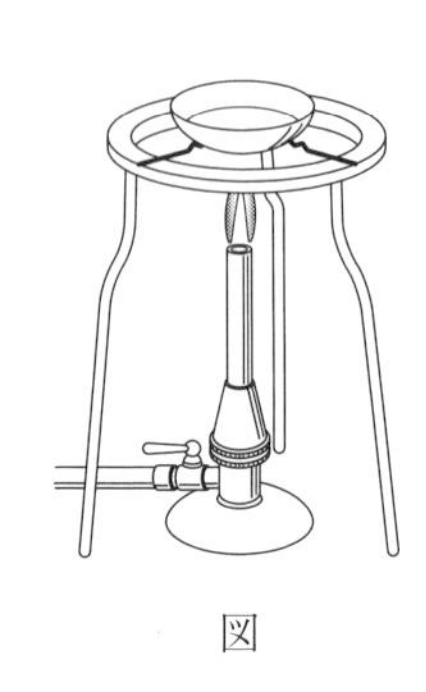
図

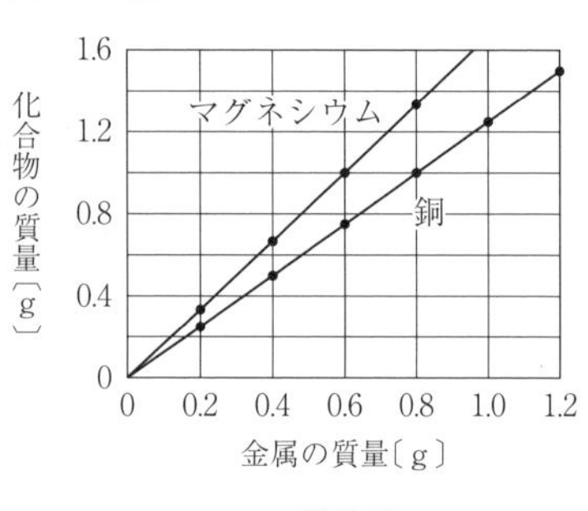

グラフ

(1) 銅の粉末を十分加熱したときにできた化合物の性質として，正しいものを次からすべて選び，記号で答えなさい。またその化合物の化学式を答えなさい。

ア　黒色である。　　　イ　白色である。

ウ　電気を通す物質である。　　エ　電気を通さない物質である。

オ　水に溶ける物質である。　　カ　水には溶けない物質である。

(2) この実験で，マグネシウムを十分加熱した後にできた物質を化学式で答えなさい。

(3) 銅の粉末12gとマグネシウムの粉末6gを混ぜ合わせたものを十分加熱すると，合計何gの化合物ができるか答えなさい。

5 マグネシウムの粉末と銅粉をそれぞれ加熱し，完全に酸化させた。加熱前後の質量の変化を表したものが右のグラフである。次の問いに答えなさい。　(京都文教高[改題])

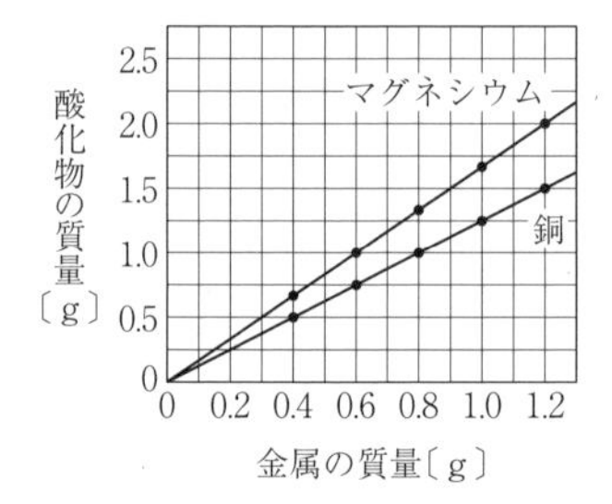

(1) マグネシウムの酸化を表す化学反応式を書きなさい。

(2) マグネシウムの質量とできた酸化物の質量の比として適するものを次のア～クから1つ選びなさい。

ア　1：1　　イ　2：1　　ウ　3：2　　エ　3：5　　オ　3：8　　カ　4：1　　キ　4：5　　ク　5：4

(3) 銅4.0gを完全に酸化させるには，何gの酸素が必要か。次のア～クから1つ選びなさい。

ア　0.2　　イ　0.4　　ウ　0.6　　エ　0.8　　オ　1.0　　カ　1.2　　キ　1.4　　ク　1.6

(4) 銅粉3.0gをあまりかき混ぜずに加熱したところ，加熱後の質量が3.5gになった。このとき，まだ反応していない銅は何gか。次のア～クから1つ選びなさい。

ア　0.2　　イ　0.4　　ウ　0.6　　エ　0.8　　オ　1.0　　カ　1.2　　キ　1.4　　ク　1.6

(5) 銅の粉末と砂の混合物がある。この混合物2.0gを空気中の酸素と完全に反応させたところ，反応後の質量が2.4gになった。この混合物の中に含まれる砂は何gか。次のア～クから1つ選びなさい。ただし，砂は酸素と反応しないものとする。

ア　0.2　　イ　0.4　　ウ　0.6　　エ　0.8　　オ　1.0　　カ　1.2　　キ　1.4　　ク　1.6

6 マグネシウムをステンレス皿に入れ，マグネシウムとステンレス皿を合わせた全体の質量を測定した。次に，これを空気中で十分に加熱した後，よく冷ましてから再び全体の質量を測定し，次表の結果を得た。下の各問いに答えなさい。 （京都精華学園高[改題]）

マグネシウムの質量(g)		0.40	0.60	0.80	1.00	1.20
全体の質量(g)	加熱前	33.40	33.60	33.80	34.00	34.20
	加熱後	33.66	34.00	34.32	34.66	34.99

(1) マグネシウムの質量と結びついた酸素の質量の間には，どのような関係があるといえるか。

(2) マグネシウムの質量と結びついた酸素の質量の比を求め，最も簡単な整数比で書きなさい。

(3) マグネシウムの粉末1.50gに，銅の粉末が混じってしまった。この混合物を完全に燃焼したところ，酸化マグネシウムと酸化銅の混合物2.75gが得られた。混じった銅は何gか。ただし，銅の質量と結びつく酸素の質量の比は4：1である。

(4) マグネシウム20個と結びつく酸素分子は何個か。計算して答えなさい。

4	(1)	記号		化学式		(2)		(3)	g

5	(1)		(2)		(3)		(4)		(5)	

6	(1)		(2)	マグネシウム：酸素＝　　：	(3)	g	(4)	個

7 図1のような装置を組み立てて，酸化銅と炭素の粉末を反応させる実験を行いました。酸化銅6.0gをさまざまな質量の炭素と完全に反応させると，図2のグラフのような結果になりました。これに関する次の各問いに答えなさい。ただし，炭素は酸化銅との反応にのみ使われたものとします。

（福岡舞鶴高）

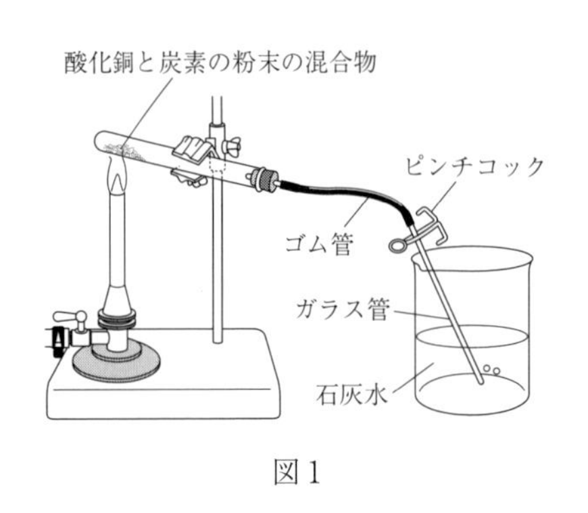

図1

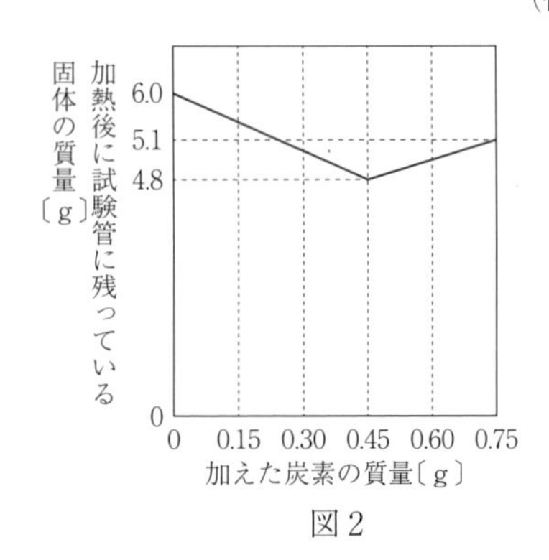

図2

(1)　この実験において酸化銅に起こった化学変化を何といいますか。漢字2字で答えなさい。

(2)　この反応の化学反応式を表しなさい。

(3)　この実験では，完全に反応が終わったら①<u>石灰水からガラス管を取り出した後ガスバーナーの火を消し</u>，②<u>ピンチコックでゴム管を閉じてから</u>試験管内に残った物質を冷ましてその質量をはかりました。この①と②の操作をした理由として最も適切なものを，次のア～エの中からそれぞれ1つずつ選び，記号で答えなさい。

ア　石灰水が試験管内に流れ込まないようにするため

イ　石灰水に異物が混ざらないようにするため

ウ　試験管内に残った物質を外に逃がさないようにするため

エ　試験管内に外の空気が入り込まないようにするため

(4)　酸化銅と炭素が過不足なく反応したときに試験管に残っている固体について，正しく述べているものを次のア～エの中からすべて選び，記号で答えなさい。

ア　黒色である　　イ　磨くと光沢が出る　　ウ　磁石につく　　エ　電流を通しやすい

(5)　図2から，酸化銅と炭素が過不足なく反応したのは炭素を0.45g加えたときであると分かります。このときに発生した気体の質量は何gですか。小数第2位まで答えなさい。

(6)　この実験における加えた炭素の質量と発生した気体の質量の関係を表すグラフをかきなさい。

(7)　この実験で炭素1.2gを完全に反応させるには，酸化銅をあと何g加える必要がありますか。

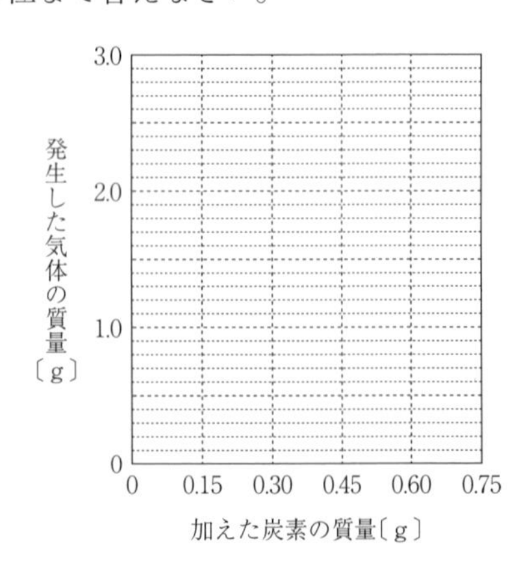

8 下図は，試験管で酸化銅と炭素粉末をよくかき混ぜ合わせて，加熱したときの化学変化を示したものである。これについて，次の各問いに答えなさい。 （華頂女高[改題]）

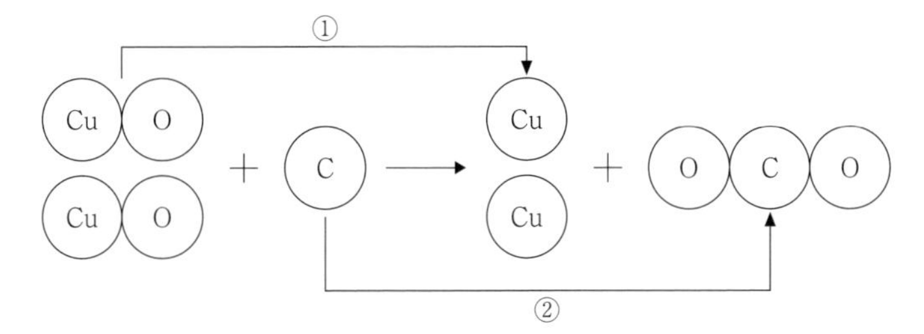

(1) 図中の①に示した，酸素がうばわれる化学変化の名称を答えなさい。

(2) 図中の②に示した，酸素と結びつく化学変化の名称を答えなさい。

(3) 図中の②の化学変化が起こるのは，炭素にどのような性質があるためか，簡単に説明しなさい。

(4) 図の化学変化で，炭素のかわりに同じような化学変化ができる物質を，次のア～オからすべて選び，記号で答えなさい。

ア 酸素　　イ 二酸化炭素　　ウ 水素　　エ エタノール　　オ 砂糖

(5) 銅粉 4.0［g］を熱すると，酸素 1.0［g］と結びついた。酸化銅は，銅原子と酸素原子が 1：1 の割合で結びついた物質である。銅と酸素の量を少なくして原子 1 個ずつにしたとき，銅と酸素の質量の比は，どうなると考えられるか答えなさい。

(6) 原子は種類によって質量が決まっている。銅原子の質量を 64，炭素原子の質量を 12，酸素原子の質量を 16 としたとき，酸化銅 16.0［g］と炭素粉末 1.2［g］が，すべて反応して銅が 12.8［g］生じたとする。このとき発生する二酸化炭素は，何［g］になると考えられるか答えなさい。

7	(1)		(2)				(3)	①		②		
	(4)		(5)	g	(6)	図中に記入	(7)	g				
8	(1)		(2)		(3)							
	(4)		(5)	銅：酸素＝　　：			(6)	g				

化学

6 酸・アルカリ

ニューウイング 出題率 27.9%

【要点】

□ **電解質**	水に溶けると，**電流を通す**物質。 （例）塩化ナトリウム，塩化銅，塩化水素
□ **非電解質**	水に溶けても，**電流を通さない**物質。 （例）エタノール，砂糖
□ **イオン**	原子が＋や－の電気を帯びたもの。
□ **陽イオン**	原子が**電子を失って**できる**＋の電気**を帯びたイオン。
□ **陰イオン**	原子が**電子を受け取って**できる**－の電気**を帯びたイオン。
□ **電離**	電解質が水に溶けたとき，陽イオンと陰イオンに分かれること。
□ **(化学)電池**	化学変化によって，化学エネルギーから電気エネルギーを取り出す装置。
□ **燃料電池**	水の電気分解と逆の化学変化によって，電気エネルギーを取り出す装置。
□ **酸**	水に溶かしたとき，**水素イオン（H^+）**を生じる物質。
□ **アルカリ**	水に溶かしたとき，**水酸化物イオン（OH^-）**を生じる物質。
□ **pH**	酸性，アルカリ性の強さを表す。
□ **中和**	酸の**水素イオン**と，アルカリの**水酸化物イオン**が結びつき，**水**が生じる反応。
□ **塩**	**酸の陰イオン**と，**アルカリの陽イオン**が結びついてできる物質。
□ **水素**	**酸の水溶液**に，**マグネシウムや亜鉛などの金属**を加えると，発生する気体。

陽子
中性子
電子
原子核
原子

pH 0 1 2 3 4 5 6 7 8 9 10 11 12 13 14
強 酸性 弱 中性 弱 アルカリ性 強

《指示薬と色の変化》

	BTB 溶液	フェノールフタレイン溶液	リトマス紙	pH 試験紙
酸性	**黄色**	無色	**青色**リトマス紙を**赤色に変化**させる	黄色～**赤色**
中性	**緑色**	無色	どちらのリトマス紙も色は変化しない	**緑色**
アルカリ性	**青色**	**赤色**	**赤色**リトマス紙を**青色に変化**させる	**青色**

《主な電離を表す式》

□ 塩化水素 → 水素イオン ＋ 塩化物イオン

$HCl \rightarrow H^+ + Cl^-$

□ 塩化銅 → 銅イオン ＋ 塩化物イオン

$CuCl_2 \rightarrow Cu^{2+} + 2Cl^-$

□ 水酸化ナトリウム → ナトリウムイオン ＋ 水酸化物イオン

$NaOH \rightarrow Na^+ + OH^-$

□ 塩化ナトリウム → ナトリウムイオン ＋ 塩化物イオン

$NaCl \rightarrow Na^+ + Cl^-$

□ 硫酸 → 水素イオン ＋ 硫酸イオン

$H_2SO_4 \rightarrow 2H^+ + SO_4^{2-}$

□ 水酸化バリウム → バリウムイオン ＋ 水酸化物イオン

$Ba(OH)_2 \rightarrow Ba^{2+} + 2OH^-$

《ダニエル電池のモデル》

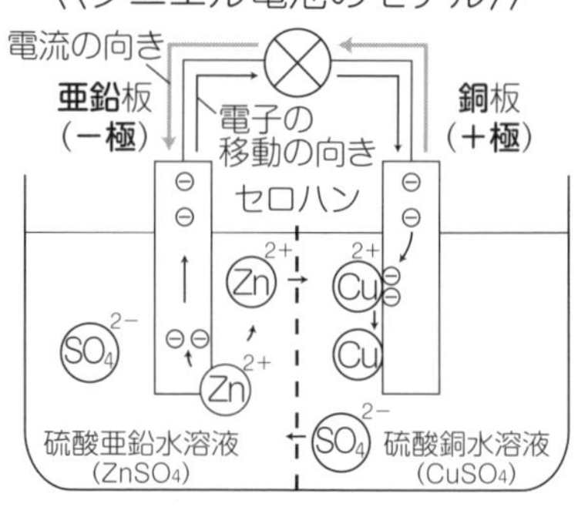

〈〈主な酸・アルカリの化学反応式〉〉

□ 水素イオン ＋ 水酸化物イオン → 水
$H^{+} + OH^{-} \rightarrow H_2O$

□ 塩化水素 ＋ 水酸化ナトリウム → 塩化ナトリウム ＋ 水
$HCl + NaOH \rightarrow NaCl + H_2O$

□ 硫酸 ＋ 水酸化バリウム → 硫酸バリウム ＋ 水
$H_2SO_4 + Ba(OH)_2 \rightarrow \underline{BaSO_4} + 2H_2O$
（$BaSO_4$ → 白い沈殿）

□ 硝酸 ＋ 水酸化カリウム → 硝酸カリウム ＋ 水
$HNO_3 + KOH \rightarrow KNO_3 + H_2O$

例 題 〈中和〉

酸とアルカリに関して，次の実験を行った。後の問いに答えなさい。

【実験】 うすい水酸化ナトリウム水溶液を5㎤入れたビーカーA～Eに，うすい塩酸をそれぞれ2㎤，4㎤，6㎤，8㎤，10㎤加えた。よくかき混ぜた後，BTB溶液を2滴ずつ加え，水溶液の色を観察した。右表はその結果をまとめたものである。

ビーカー	A	B	C	D	E
うすい塩酸(㎤)	2	4	6	8	10
水溶液の色	青色			黄色	

(1) ビーカーB，Eの水溶液をそれぞれ1滴ずつスライドガラスにとり，水を蒸発させたところ，どちらも白い固体が残った。このとき残った固体の物質名を，それぞれ答えなさい。

(2) この実験において，加えたうすい塩酸の体積と，水溶液にふくまれる水酸化物イオンの数の関係を表したグラフとして適当なものを，次のア～エから1つ選びなさい。

ア
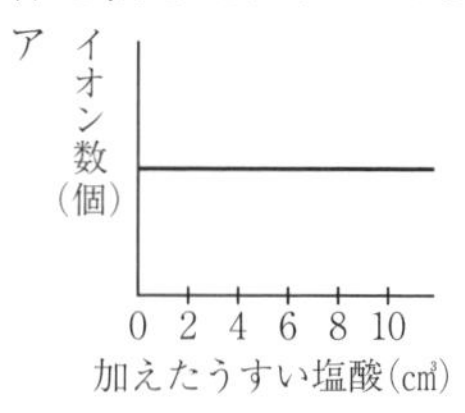

イ
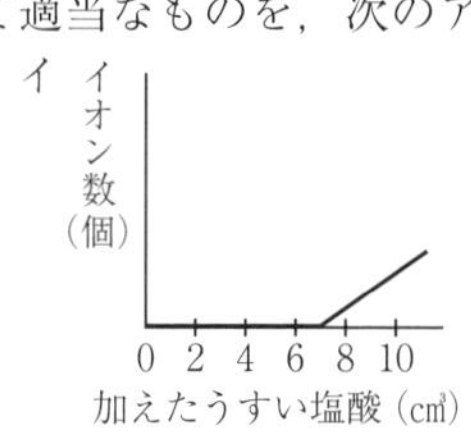

ウ
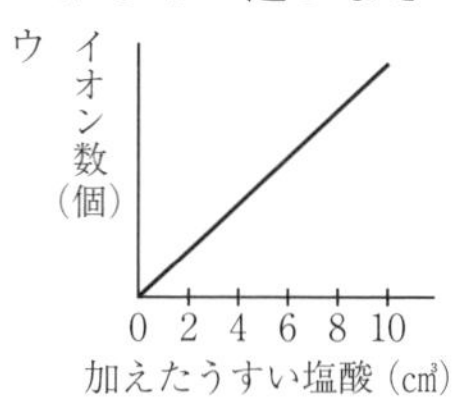

エ
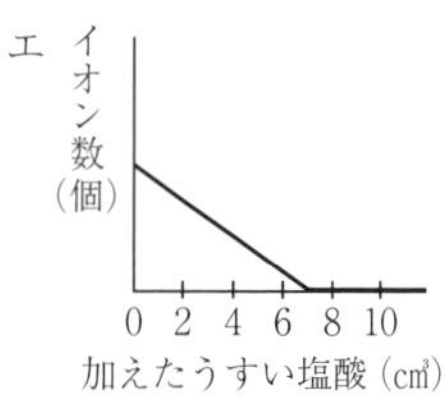

(1) ビーカーに加えたBTB溶液の色から，ビーカーA～Cには水酸化ナトリウム水溶液，ビーカーD・Eには塩酸が残っているとわかる。

また，どのビーカーにも，水酸化ナトリウム水溶液と塩酸の中和によって生じた塩（塩化ナトリウム）がふくまれている。

よって，水を蒸発させると，ビーカーBでは水酸化ナトリウムと塩化ナトリウム，ビーカーEでは塩化ナトリウムが残る。

> ・青色→アルカリ性→水酸化ナトリウム水溶液が過剰
> ・黄色→酸性→塩酸が過剰
> ※塩酸を6～8㎤加えたときに，ちょうど中和することもわかる。

> ・水酸化ナトリウム水溶液の溶質（水酸化ナトリウム）は固体。
> →水酸化ナトリウムが残る。
> ・塩酸の溶質（塩化水素）は気体。
> →何も残らない。

(2) 次図のようなモデルで，OH^{-}の数に注目する。

塩酸を加えるにしたがって，OH^{-}の数は減っていき，ちょうど中和した後の数は0になるので，エとわかる。

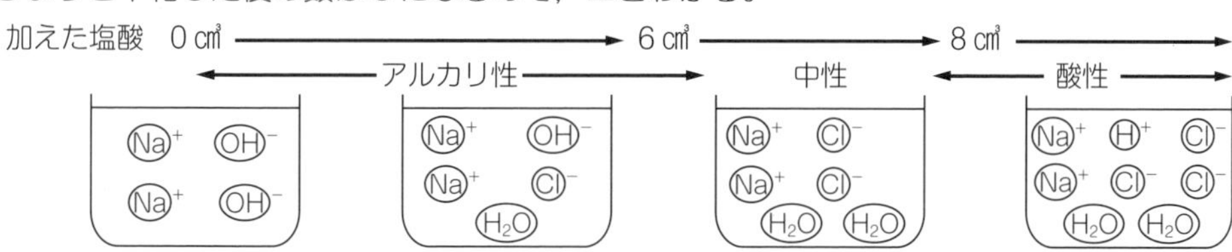

STEP UP

1　次の実験について，(1)～(5)の問いに答えなさい。　（福島県）

実験１
　うすい硫酸に，うすい水酸化バリウム水溶液を加えたところ，沈殿ができた。

実験２
Ⅰ　うすい塩酸 30.0cm^3 に，緑色の BTB 溶液を２滴加えたところ，色が変化した。

Ⅱ　Ⅰの水溶液を別のビーカーに 15.0cm^3 はかりとり，図のように，よくかき混ぜながらうすい水酸化ナトリウム水溶液を少しずつ加え，水溶液全体が緑色になったところで加えるのをやめた。このときまでに加えたうすい水酸化ナトリウム水溶液は 21.0cm^3 であった。

図

Ⅲ　Ⅱでできた水溶液をペトリ皿に少量とり，数日間置いたところ，白い固体が残っていた。この固体を観察したところ，規則正しい形をした結晶が見られた。

(1)　実験１について，このときできた沈殿は何か。物質名を書きなさい。

(2)　実験２のⅠについて，緑色の BTB 溶液を加えた後の色として正しいものを，次のア～オの中から１つ選びなさい。
ア　無色　　イ　黄色　　ウ　青色　　エ　赤色　　オ　紫色

(3)　実験２のⅡについて，実験２のⅠの水溶液を 2.0cm^3 にしたとき，水溶液全体が緑色になるまでに加えたうすい水酸化ナトリウム水溶液は何 cm^3 か。求めなさい。

(4)　実験２のⅢについて，ペトリ皿に残っていた白い固体をスケッチしたものとして最も適切なものを，次のア～エの中から１つ選びなさい。

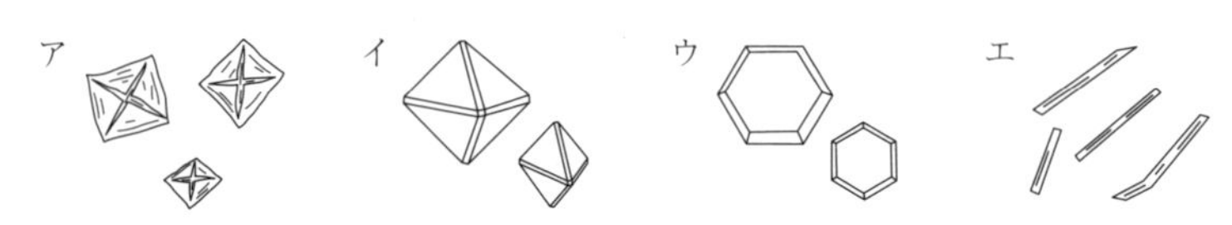

(5)　次の文は，実験１と実験２のⅡについて述べたものである。下の①，②の問いに答えなさい。
　実験１と実験２のⅡでは，酸の水溶液にアルカリの水溶液を加えると，<u>たがいの性質を打ち消し合う</u> [X] が起きた。また，酸の水溶液の [Y] イオンとアルカリの水溶液の [Z] イオンが結びついて，塩ができた。

①　X～Z にあてはまることばの組み合わせとして最も適切なものを，右のア～エの中から１つ選びなさい。

	X	Y	Z
ア	還元	陽	陰
イ	還元	陰	陽
ウ	中和	陽	陰
エ	中和	陰	陽

②　下線部について，たがいの性質を打ち消し合ったのは，水溶液中の水素イオンと，水酸化物イオンが結びつく反応が起こったためである。この反応を，イオンの化学式を用いて表しなさい。

2 ある濃度の塩酸（A 液）と，水酸化ナトリウム水溶液（B 液）と，食塩水を用い，次のような実験を行った。次の各問いに答えなさい。　　　　（福岡大附若葉高）

【実験】 図のように，スライドガラスの上に食塩水をしみこませたろ紙を置き，その上にリトマス紙をのせ，リトマス紙の中央にA 液またはA 液とB 液を混合した溶液を竹ひごを使ってつけた。その後，食塩水をしみこませたろ紙の両端をクリップでとめ，電圧をかけた。

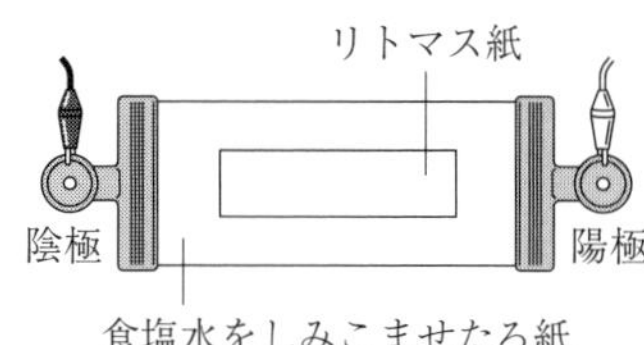

(1) ある色のリトマス紙とA 液を用いて実験を行ったところ，リトマス紙の上に色の変化したしみが生じた。また，電圧をかけたとき，このしみが移動する様子が観察された。

① 用いたリトマス紙の色は何色か。

② しみは陰極，陽極のどちら側に移動したか。

(2) (1)のような色の移動が見られた理由を，電離という語句を用いて簡潔に述べなさい。

(3) リトマス紙の中央にA 液 5 mL とB 液 10mL を混合した溶液をつけて実験を行ったところ，どちらのリトマス紙でも色の変化が見られなかった。次に，A 液 5 mL とB 液 15mL を混合した溶液をリトマス紙の中央につけて実験を行った。この時，リトマス紙の色の変化は見られるか。どちらのリトマス紙でも変化が見られない場合は，解答欄に×を，いずれかのリトマス紙で変化が見られる場合は，例にならって置いたリトマス紙の色と，陰極または陽極のどちらに移動する様子が見られるかを答えなさい。

（例） 赤色，陰極側

1	(1)		(2)		(3)	cm^3	(4)
	(5)	①		②			
2	(1)	①	色	②	極側	(2)	
	(3)						

3 ビーカーにうすい水酸化ナトリウム水溶液を100cm^{3}とり，BTB溶液を数滴加えました。そこにうすい塩酸を少しずつ加えて色の変化を調べる実験を行いました。表はそのときのビーカー内の水溶液の色の変化を示すものです。実験は，100cm^{3}にX個のナトリウムイオンを含むうすい水酸化ナトリウム水溶液と，100cm^{3}にY個の塩化物イオンを含むうすい塩酸を用いて行いました。以下の問いに答えなさい。（天理高）

水酸化ナトリウム水溶液[cm^3]	塩酸[cm^3]	水溶液の色
100	0	
100	20	
100	40	青
100	60	緑
100	80	黄
100	100	

⑴　塩酸を20cm^{3}加えたときの水溶液は何色ですか。

⑵　塩酸を40cm^{3}加えたときに起きた変化を，次のア～ウから1つ選び，記号で答えなさい。

ア　気体が発生した。

イ　塩酸を加える前よりも水溶液の温度が上昇した。

ウ　水に溶けにくい固体が沈殿した。

⑶　水酸化ナトリウム水溶液に塩酸を加えたときに起きた変化を化学反応式で書きなさい。

⑷　実験で水酸化物イオンの個数の変化を表すグラフとして正しいものはどれですか。ア～クから1つ選び，記号で答えなさい。ただし，縦軸は水酸化物イオンの数，横軸は加えた塩酸の体積[cm^3]とします。

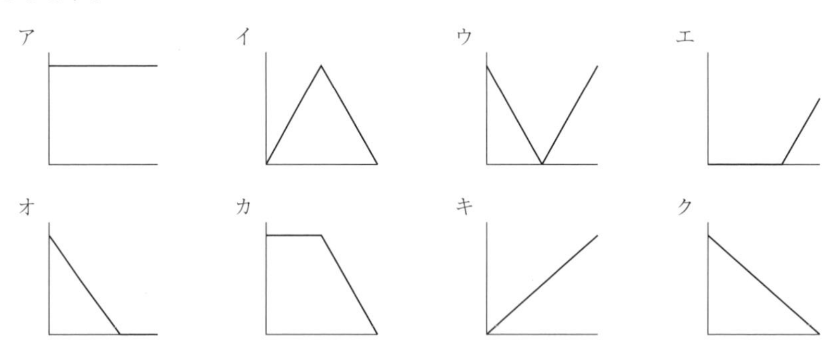

⑸　実験結果から考えると，X：Yはどのようにあらわされますか。最も簡単な整数比で答えなさい。

⑹　次のAをBで完全に中和するとき，Bは何cm^{3}必要ですか。

A　実験で用いた水酸化ナトリウム水溶液120cm^3

B　実験で用いた塩酸の3倍の濃度である塩酸

⑺　実験では0.5％の水酸化ナトリウム水溶液を用いました。これの代わりに0.7％の水酸化ナトリウム水溶液を用いたとき，水酸化ナトリウム水溶液150cm^{3}を完全に中和するためには，実験で用いた塩酸は何cm^{3}必要ですか。

4 酸とアルカリの中和について調べるために，実験を行いました。次の問いに答えなさい。

（筑陽学園高）

［実験Ⅰ］ うすい塩酸15.0mLの入った試験管A～Fに，緑色のBTB液をそれぞれ数滴加えた。次に，うすい水酸化ナトリウム水溶液を試験管A～Fにそれぞれ2.0mL，4.0mL，6.0mL，8.0mL，10.0mL，12.0mL加え，水溶液の色を観察した。表1は，その結果をまとめたものである。

試験管	A	B	C	D	E	F
加えた水酸化ナトリウム水溶液の体積［mL］	2.0	4.0	6.0	8.0	10.0	12.0
水溶液の色	黄色	黄色	緑色	青色	青色	青色

表1

［実験Ⅱ］ 実験Ⅰで水溶液を観察した後の試験管A～Fにマグネシウムリボンをそれぞれ入れたところ，試験管A，Bから気体がさかんに発生した。

(1) 酸やアルカリについて述べた文として最も適当なものを，次のア～エの中から選び，記号で答えなさい。

ア レモン汁のpHは7より小さい。　　イ せっけん水は青色リトマス紙を赤色に変える。

ウ 石灰水は電気を通さない。　　エ 酢はpH試験紙を青色に変える。

(2) 中和によって，酸の陰イオンとアルカリの陽イオンが結びついてできる物質を何といいますか。

(3) 実験Ⅰの結果から考えられる，加えた水酸化ナトリウム水溶液の体積と，試験管内の陰イオンの数の関係を表したものとして最も適当なものを，次のア～エの中から選び，記号で答えなさい。

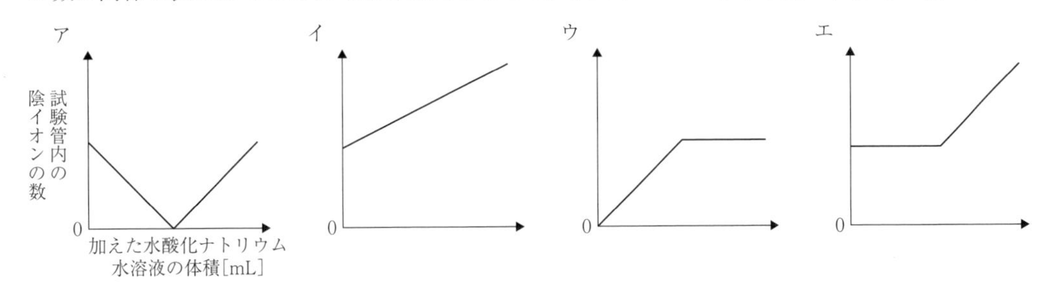

(4) 実験Ⅱでさかんに発生した気体と同じ気体が発生する反応として最も適当なものを，次のア～エの中から選び，記号で答えなさい。

ア 硫化鉄にうすい塩酸を加える。　　イ うすい塩酸に亜鉛板を入れる。

ウ オキシドールに二酸化マンガンを入れる。　　エ うすい塩化銅水溶液を電気分解する。

3	(1)		(2)		(3)		(4)	
	(5)	X：Y＝　　：	(6)	cm³	(7)	cm³		
4	(1)		(2)		(3)		(4)	

5　化学変化に関する次の問いに答えなさい。　（愛媛県[改題]）

［実験１］　表１のような，水溶液と金属の組み合わせで，水溶液に金属の板を１枚入れて，金属板に金属が付着するかどうか観察し，その結果を表１にまとめた。

表１

水溶液＼金属	マグネシウム	亜鉛	銅
硫酸マグネシウム水溶液	＼	×	×
硫酸亜鉛水溶液	○	＼	×
硫酸銅水溶液	○	○	＼

（○は金属板に金属が付着したことを，×は金属板に金属が付着しなかったことを示す。）

［実験２］　硫酸亜鉛水溶液に亜鉛板，硫酸銅水溶液に銅板を入れ，両水溶液をセロハンで仕切った電池をつくり，導線でプロペラ付きモーターを接続すると，モーターは長時間回転し続けた。図１は，その様子をモデルで表したものである。

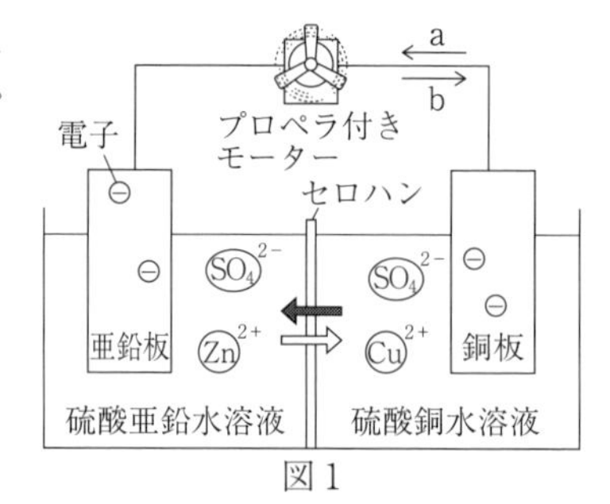

図１

(1)　表１の３種類の金属を，イオンになりやすい順に左から名称で書きなさい。

(2)　実験１で，硫酸亜鉛水溶液に入れたマグネシウム板に金属が付着したときに起こる反応を，「マグネシウムイオン」「亜鉛イオン」の２つの言葉を用いて，簡単に書きなさい。

(3)　次の文の①，②の ｛　　｝ の中から，それぞれ適当なものを１つずつ選び，ア～エの記号で書きなさい。

図１で，－(マイナス)極は①｛ア　亜鉛板　　イ　銅板｝であり，電流は導線を②｛ウ　aの向き　　エ　bの向き｝に流れる。

(4)　次のア～エのうち，図１のモデルについて述べたものとして，最も適当なものを１つ選び，その記号を書きなさい。

ア　セロハンのかわりにガラス板を用いても，同様に長時間電流が流れ続ける。

イ　セロハンがなければ，銅板に亜鉛が付着して，すぐに電流が流れなくなる。

ウ　Zn^{2+}が ⟹ の向きに，SO_4^{2-}が ⬅ の向きにセロハンを通って移動し，長時間電流が流れ続ける。

エ　陰イオンであるSO_4^{2-}だけが，両水溶液間をセロハンを通って移動し，長時間電流が流れ続ける。

(5)　次の文の①，②の ｛　　｝ の中から，それぞれ適当なものを１つずつ選び，その記号を書きなさい。

実験２の，硫酸銅水溶液を硫酸マグネシウム水溶液，銅板をマグネシウム板にかえて，実験２と同じ方法で実験を行うと，亜鉛板に①｛ア　亜鉛　　イ　マグネシウム｝が付着し，モーターは実験２と②｛ウ　同じ向き　　エ　逆向き｝に回転した。

6 図1のように亜鉛板20gと銅板20gを用いてダニエル電池を作り，プロペラを取りつけた光電池用モーターにつなぎました。次の各問いに答えなさい。 （福岡舞鶴高）

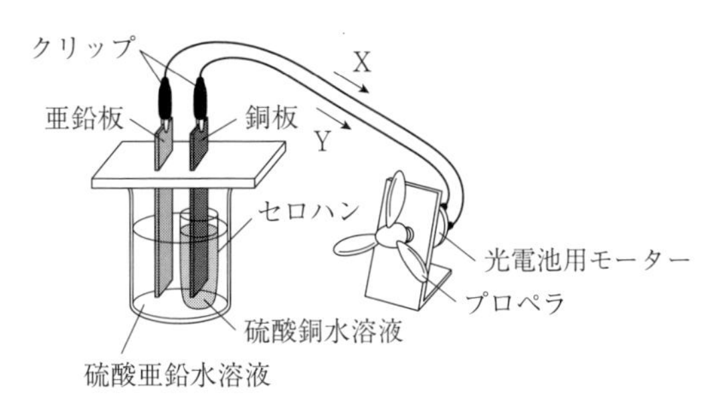

図1

(1) ＋極と－極で起こる化学変化を電子e^-を用いた式でそれぞれ表しなさい。

(2) 流れる電流の向きは図1のX，Yのどちらであるか答えなさい。

(3) 亜鉛板と銅板のクリップを入れかえると，プロペラの回転はどうなりますか。最も適切なものを次のア～ウの中から1つ選び，記号で答えなさい。

ア 入れかえる前と同じ向きに回転する　　イ 入れかえる前と逆の向きに回転する

ウ 回転しなくなる

(4) ダニエル電池で電流を流すと，亜鉛板と銅板の質量が変化していきます。その質量変化は生じた電気量（単位〔C〕クーロン）に比例することが分かりました。(1Aの電流が1秒間流れた時に1Cの電気量が生じます。）以下の表1は，今回のダニエル電池において生じた電気量と，亜鉛板と銅板の質量変化をまとめたものです。表中の（　　）に当てはまる適切な数値を小数第2位まで答えなさい。

表1

生じた電気量〔C〕	0	965	1930	2895	3860
亜鉛板の質量〔g〕	20.00	19.67	19.34	（①）	18.68
銅板の質量〔g〕	20.00	20.32	（②）	20.96	21.28

(5) 次の文中の（　　）に当てはまる適切な語句を漢字で答えなさい。

充電ができない電池を（①）電池とよび，充電ができる電池を（②）電池とよぶ。

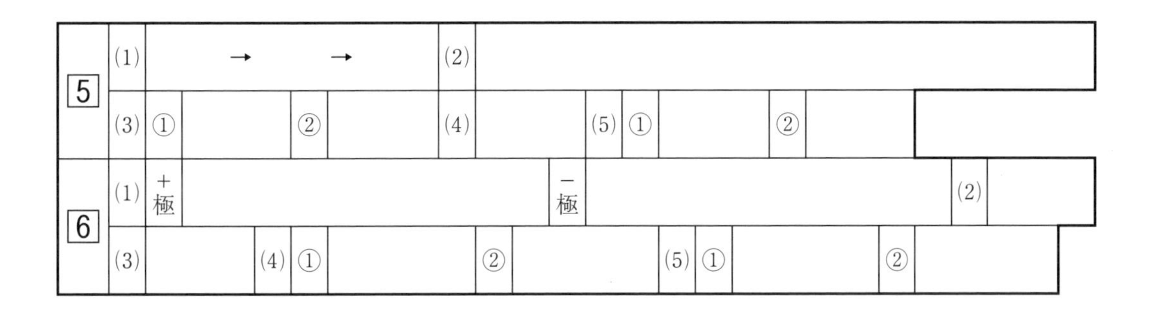

生物

7 からだのはたらき

【要点】

□	消化	食物を吸収しやすい物質に分解するはたらき。
□	消化液	食物を分解する液。
□	消化酵素	消化液にふくまれ，食物を分解する物質。 ※**肝臓**でつくられ，**胆のう**にたくわえられる**胆汁**には，消化酵素がふくまれていない。
□	アミラーゼ	**だ液**にふくまれ，**デンプンを分解**する消化酵素。
□	ペプシン	**胃液**にふくまれ，**タンパク質を分解**する消化酵素。
□	消化管	口，食道，胃，小腸，大腸，肛門とつながる１本の長い管。
□	ブドウ糖	**デンプンが分解**されてできる最終的な物質。
□	アミノ酸	**タンパク質が分解**されてできる最終的な物質。
□	脂肪酸 モノグリセリド	**脂肪が分解**されてできる最終的な物質。
□	ベネジクト溶液	デンプンが分解されてできる**麦芽糖やブドウ糖に反応**し，加熱すると，**赤かっ色に沈殿**する。
□	柔毛	小腸の壁の表面にある多数の突起。消化された**栄養分を吸収**する。 ※**ブドウ糖・アミノ酸→毛細血管**に吸収される。 **脂肪酸・モノグリセリド→リンパ管**に吸収される。
□	肺胞	肺の中にある多数の小さな袋。毛細血管中の血液と**酸素，二酸化炭素の受け渡し**を行う。
□	赤血球	血液の固形成分で，**酸素を運ぶ**。
□	ヘモグロビン	赤血球にふくまれ，**酸素を運ぶ**赤色の物質。
□	白血球	血液の固形成分で，体内に入った**細菌などの病原体を分解**する。
□	血小板	血液の固形成分で，**出血**したときに**血液を固める**。
□	血しょう	血液の液体成分で，**栄養分や不要な物質を運ぶ**。
□	組織液	血しょうが毛細血管からしみ出して，細胞のまわりを満たした液。
□	尿素	**肝臓**で，有害な**アンモニア**が変えられてできる害の少ない物質。**じん臓**で，血液中からこし出され，**尿として排出**される。
□	動脈	**心臓から送り出された**血液が流れる血管。
□	静脈	**心臓にもどる**血液が流れる血管。
□	動脈血	**酸素**を多くふくむ血液。
□	静脈血	**二酸化炭素**を多くふくむ血液。
□	体循環	**心臓**から出た血液が，**全身**をまわって，**心臓**にもどる道すじ。
□	肺循環	**心臓**から出た血液が，**肺**をまわって，**心臓**にもどる道すじ。

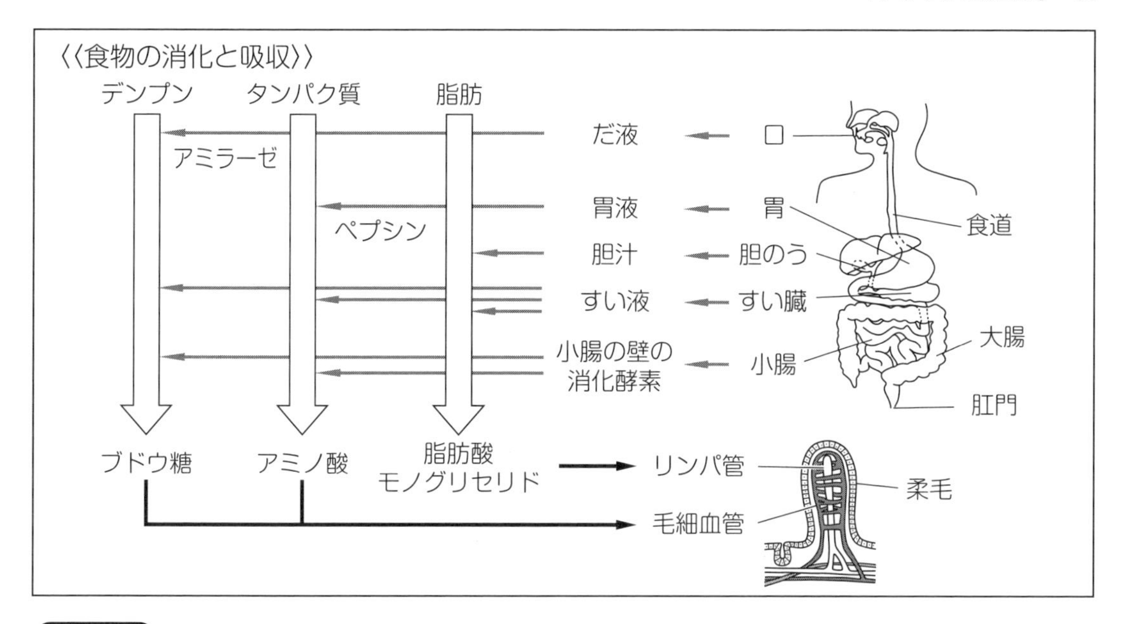

例題 〈だ液のはたらき〉

ヒトのだ液のはたらきを調べるために，次の実験を行った。後の問いに答えなさい。

【実験】 試験管 A にうすいデンプン液 10㎤と水でうすめただ液 2 ㎤を，試験管 B にうすいデンプン液 10 ㎤と水 2 ㎤を入れ，それぞれよく振って混ぜた。その後，両方の試験管を 40 ℃の水の中に入れ，一定時間放置した。

次に，図のように，試験管 A，B の液を別の試験管 A′，B′ に半分ずつとり，試験管A，B にはヨウ素溶液を 2 ～ 3 滴入れ，試験管 A′，B′ にはベネジクト溶液を入れて加熱した。

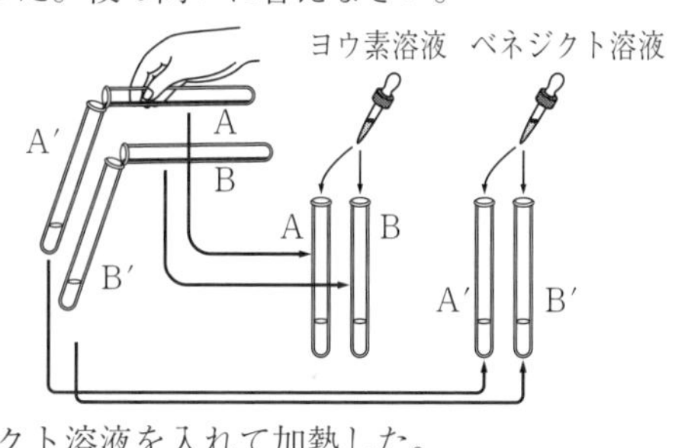

⑴ 試験管 A，B のうち，ヨウ素溶液の色が変化した試験管と，変化した色を答えなさい。

⑵ 試験管 A′，B′ のうち，赤かっ色の沈殿ができたのはどちらか。

⑶ この実験において，水を入れた試験管を用意したのはなぜか，簡潔に答えなさい。

⑴・⑵ 試験管 A（A′）には**だ液**を入れ，40℃に保ったので，デンプンは分解され，**ブドウ糖がいくつかつながったもの**ができる。

試験管 B（B′）には**水**を入れただけなので，**デンプン**は分解されずにそのまま残る。

そのため，ヨウ素溶液の色が変化するのは試験管 B で，青紫色に変化する。

また，ベネジクト溶液と反応して赤かっ色の沈殿ができるのは試験管 A′。

> 消化酵素は，体温に近い温度でよくはたらく。

> ヨウ素溶液は，デンプンと反応して，青紫色に変化する。

⑶ だ液のはたらきによって，デンプンが変化したことを確認するため。

> 調べたい条件（だ液）以外は，同じにして行う実験を，**対照実験**という。

STEP UP

1　だ液のはたらきを調べるために次の実験を行いました。図1は実験の様子を模式的に表したものです。また，図2はヒトの体を表しています。だ液のはたらきや，消化について，次の各問いに答えなさい。

（大阪産業大附高）

図1

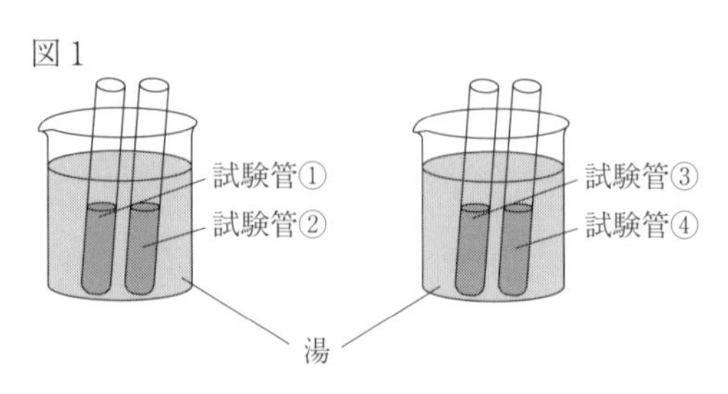

【実験】

操作1：試験管①～④にうすいデンプン溶液を入れ，試験管①と③にはうすめただ液を，試験管②と④には水を加えた。よく振って混ぜた後，図1のように湯が入ったビーカーにつけ，10分間放置した。

操作2：試験管①，②にヨウ素液を2，3滴加えた。

操作3：試験管③，④にベネジクト液と沸騰石を入れて，加熱した。

(1)　この実験に用いる湯の温度として，適切なものはどれですか。次のア～エから1つ選び記号で答えなさい。

ア　20℃　　イ　40℃　　ウ　60℃　　エ　80℃

(2)　実験の操作2でヨウ素液を加えた後，色が変化したのは試験管①，②のどちらですか。記号で答えなさい。また，そのときの液の色は何色ですか。次のア～エから1つ選び記号で答えなさい。

ア　黄色　　イ　緑色　　ウ　青紫色　　エ　赤かっ色

(3)　実験の操作3でベネジクト液を入れて加熱した後，沈殿ができたのは試験管③，④のどちらですか。記号で答えなさい。また，この沈殿は何色ですか。次のア～エから1つ選び記号で答えなさい。

ア　黄色　　イ　緑色　　ウ　青紫色　　エ　赤かっ色

(4)　この実験からデンプンが分解され，糖に変化したことが分かりました。この実験ではたらいた，デンプンを分解する消化酵素を何といいますか。

(5)　図2のA～Fの器官のうち，胃はどれですか。1つ選び記号で答えなさい。また，胃液に含まれ，タンパク質を分解する消化酵素を何といいますか。

図2

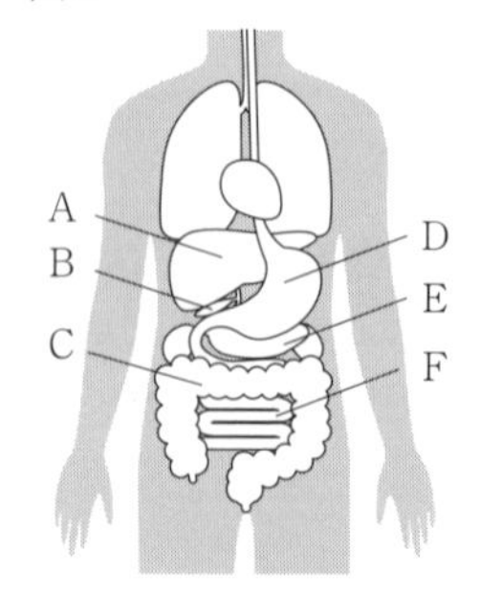

(6)　図2のAの器官には，多くのはたらきがあります。そのはたらきを説明した，次の文章の空欄①～③に当てはまる語句をそれぞれ次のア～オから1つずつ選び記号で答えなさい。

・有害なアンモニアを比較的無害な（ ① ）に変える。

・炭水化物を分解してできた（ ② ）などの栄養分を貯蔵しやすい物質に作り変え，蓄える。

・脂肪の分解を助ける（ ③ ）をつくる。

ア　アルコール　　イ　ブドウ糖　　ウ　尿素　　エ　胆汁　　オ　脂肪酸

2 わたしたちヒトは，日々活動するエネルギーのもととして食べ物から養分をとっている。次の問いに答えなさい。 （沖縄県[改題]）

(1) ヒトは，食物を分解し吸収されやすい物質にする消化酵素を持っている。消化酵素とその消化酵素を含む消化液，分解される物質の組み合わせとして，正しいものを次のア～カの中から１つ選び記号で答えなさい。

	ア	イ	ウ	エ	オ	カ
消化酵素	アミラーゼ	リパーゼ	ペプシン	アミラーゼ	リパーゼ	ペプシン
消化液	だ液	だ液	胃液	胃液	胆汁	胆汁
分解される物質	デンプン	タンパク質	脂肪	デンプン	タンパク質	脂肪

(2) 下の文中の空欄（ A ）～（ C ）に当てはまる語句の組み合わせとして，正しいものを次のア～カの中から１つ選び記号で答えなさい。

（ A ）は分解されて（ B ）になり，小腸にある柔毛の表面から吸収された後，（ C ）に入る。

	ア	イ	ウ	エ	オ	カ
(A)	デンプン	デンプン	デンプン	タンパク質	タンパク質	脂肪
(B)	ブドウ糖	アミノ酸	アミノ酸	アミノ酸	ブドウ糖	脂肪酸 モノグリセリド
(C)	リンパ管	毛細血管	リンパ管	毛細血管	リンパ管	毛細血管

(3) ヒトは食べた食物をエネルギー源として利用している。ヒトが行う「酸素を使って糖などの養分からエネルギーを取り出すはたらき」を何というか。正しいものを次のア～オの中から１つ選び記号で答えなさい。

ア 消化　イ 免疫　ウ 分裂　エ 肺による呼吸　オ 細胞による呼吸

(4) デンプンや麦芽糖（デンプンからできる糖）の存在を調べるとき，使う薬品を次のア～オ，その物質が存在するときの反応を次のカ～コの中から，正しいものをそれぞれ１つ選び記号で答えなさい。

〔薬品〕 ア 石灰水　イ ヨウ素溶液　ウ BTB溶液　エ ベネジクト溶液
オ 酢酸カーミン溶液

〔反応〕 カ 赤色になる　キ 白く濁る　ク 黄色からしだいに緑色に変化する
ケ 青紫色になる　コ 加熱すると赤褐色の沈殿ができる

1	(1)		(2)	試験管		色		(3)	試験管		色		(4)	
	(5)	記号		消化酵素		(6)	①		②		③			

2	(1)		(2)		(3)	
	(4)	デンプン	薬品：　反応：	麦芽糖	薬品：　反応：	

3 図は，ヒトの体内における血液の循環のようすを模式的に示したものである。A～D は肝臓，小腸，肺，じん臓のいずれかの器官を，a～i は血管を，矢印は血液が流れる方向を示している。次の問いに答えなさい。

（福岡大附若葉高）

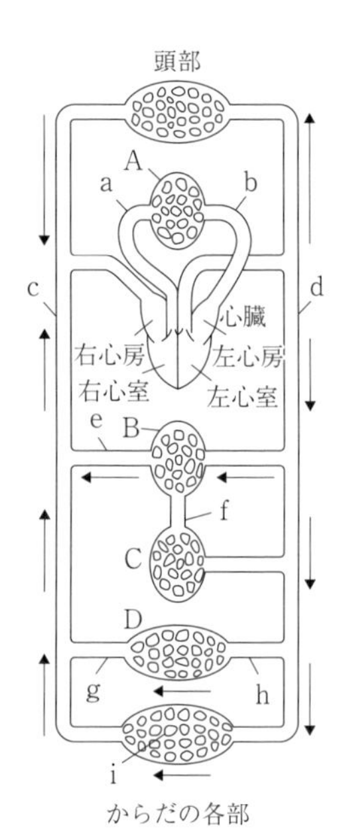

(1) 心臓はポンプのはたらきをし，心臓から出た血液は血管を通って全身をめぐる。ヒトの心臓は，左右二つのポンプからできており，縮んだりゆるんだりをくり返しながら，血液を送り続けている。血液を送り出す際に正しい流れを説明しているものを次のア～エから１つ選び，記号で答えなさい。

ア　心室がゆるみ血液が心室に流入し，心室が縮むと血液が心房に入る。
イ　心室が縮み血液が心室に流入し，心室がゆるむと血液が心房に入る。
ウ　心房がゆるみ血液が心房に流入し，心房が縮むと血液が心室に入る。
エ　心房が縮み血液が心房に流入し，心房がゆるむと血液が心室に入る。

(2) 次の記述のうち，図中の B の器官について正しく述べているものはどれか。次のア～カから１つ選び，記号で答えなさい。

ア　ペプシンと塩酸を含み，強い酸性である。
イ　消化酵素で食物が完全に消化される。
ウ　脂肪の消化を助ける胆汁をたくわえる。
エ　塩分をからだに適した濃度に保つ。
オ　アンモニアを毒性の少ない尿素に変える。
カ　トリプシン，リパーゼを含む消化液が出る。

(3) 次の文章は，ヒトの体内で血液が循環する道すじについて説明したものである。文章中の（ ① ）～（ ④ ）に適当な語句を入れなさい。

心臓から出た血液は，（ ① ）という血管を通り肺に運ばれ，全身を巡ったあと（ ② ）という血管を通りふたたび心臓に戻る。なお，肺から出る血液は酸素を多く含む（ ③ ）が流れており，（ ② ）を通る血液は二酸化炭素を多く含む（ ④ ）が流れている。

(4) 次の①～③の血液が流れる血管として最も適当なものを，図の a～i からそれぞれ１つずつ選び，記号で答えなさい。

①　柔毛から吸収されたブドウ糖などの栄養分を最も多く含む血液が流れている。
②　尿素が最も少ない血液が流れている。
③　酸素を最も多く含む血液が流れている。

(5) 図中の血管のうち，ところどころに弁がある血管の記号と名称の組み合わせとして最も適当なものを，次のア～エから１つ選び，記号で答えなさい。

ア　c―動脈　　イ　c―静脈　　ウ　d―動脈　　エ　d―静脈

(6) (5)で答えた血管における弁のはたらきを，説明しなさい。

4 図1は，ヒトの血液の循環経路を表した模式図であり，図2は器官Cの一部の模式図である。以下の問いに答えなさい。 （履正社高）

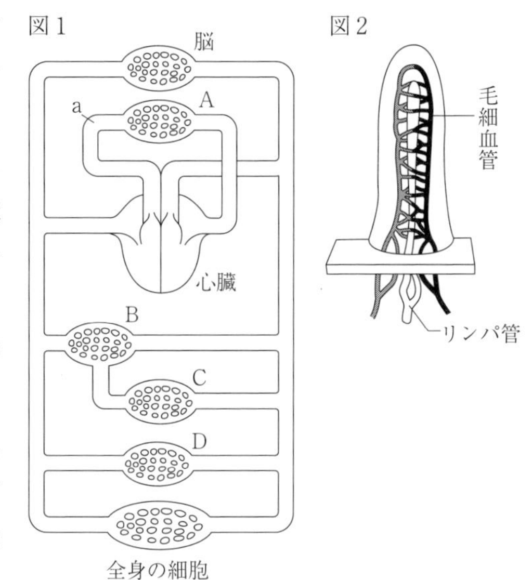

(1) 図1の器官Aは，血液のガス交換を行っている。

① 器官Aでは，たくさんの袋が集まった構造がみられる。この構造の名称を漢字で答えなさい。

② この器官につながる血管aの名称を漢字で答えなさい。

(2) 図1の器官Bでは，ある有機物が分解されて生じたアンモニアが無害な尿素に変えられる。器官Bの名称を漢字で答え，アンモニアが生じる有機物を次のア～エより選びなさい。

ア デンプン　　イ タンパク質　　ウ 脂質　　エ グリコーゲン

(3) 図1の器官Cでは図2の突起で消化された栄養分を吸収している。この突起の名称を漢字で答えなさい。また，この突起の毛細血管から吸収される栄養分を次のア～エよりすべて答えなさい。

ア ブドウ糖　　イ 脂肪酸　　ウ アミノ酸　　エ モノグリセリド

(4) 図1の器官Dは，血液中の塩分や水分量を調節する器官である。この器官の名称と体内にいくつ存在するか答えなさい。

(5) 右表は，血液に含まれる物質①と②が，器官A，B，Dを通る前後での濃度変化をまとめたものである。物質①と②は次のア～エのどの物質であるか。それぞれについて選びなさい。

	器官A	器官B	器官D
物質①	増える	減る	減る
物質②	変わらない	増える	減る

ア 二酸化炭素　　イ 酸素　　ウ 尿素　　エ ブドウ糖

3	(1)		(2)								
	(3)	①		②		③		④			
	(4)	①		②		③		(5)		(6)	
4	(1)	①		②		(2)	名称		有機物		
	(3)	名称		栄養分		(4)	名称		個数	個	
	(5)	物質①		物質②							

生物

8 細胞・生殖・遺伝

ニューウイング 出題率 23.5%

【要点】

□	細胞	生物のからだをつくる基本単位。
□	単細胞生物	1つの細胞でからだができている生物。
□	多細胞生物	多数の細胞でからだができている生物。
□	細胞分裂	1つの細胞が2つに分かれること。
□	成長点	植物で，細胞分裂がさかんに行われるところ。おもに，茎や根の先端付近。
□	染色体	細胞分裂のときに，核の形が消えて，見えるようになるひも状のもの。
□	酢酸オルセイン溶液	核や染色体を**赤紫色に**染めて，見やすくするための薬品。 ※**酢酸カーミン溶液**は**赤色**，**酢酸ダーリア溶液**は**青紫色**に染まる。
□	生殖細胞	子孫を残すための細胞。**卵**や**精子**のこと。
□	体細胞	多細胞生物のからだをつくる細胞の中で，生殖細胞以外の細胞。
□	体細胞分裂	体細胞で起こる細胞分裂。
□	生殖	生物が自分と同じ種類の個体を新たにつくること。
□	無性生殖	親のからだの一部が分かれて，そのまま子になるふえ方。
□	栄養生殖	ジャガイモのいも，さし木などのように，植物がからだの一部から新しい個体をつくる無性生殖。
□	有性生殖	雄と雌の親がかかわって子を残すふえ方。
□	減数分裂	生殖細胞がつくられるときの細胞分裂。 ※**染色体の数はもとの細胞の半分**になる。
□	受精	卵の核と精子の核が合体すること。
□	受精卵	受精によってつくられる新しい細胞。
□	発生	受精卵から成体までの成長過程。
□	形質	生物がもつ様々な形や性質。
□	遺伝	形質が親から子，その先の世代へ伝わること。
□	遺伝子	染色体にあり，形質が遺伝するもとになる。
□	DNA (デオキシリボ核酸)	遺伝子の本体となる物質。
□	自家受粉	ある植物のめしべに，同じ個体の花粉がつくこと。
□	純系	自家受粉をくり返し，子，孫と代を重ねても，親と同じ形質が現れるもの。
□	対立形質	エンドウの種子の形の「丸」と「しわ」のように，同時に現れない2つの形質。
□	顕性形質	対立形質をもつ純系どうしをかけ合わせたとき，子に現れる形質。
□	潜性形質	対立形質をもつ純系どうしをかけ合わせたとき，子に現れない形質。
□	分離の法則	対になっている遺伝子は，減数分裂によって，別々の生殖細胞に入る。
□	メンデル	エンドウを用いて，遺伝のしくみを発見した人物。

〈〈細胞分裂〉〉

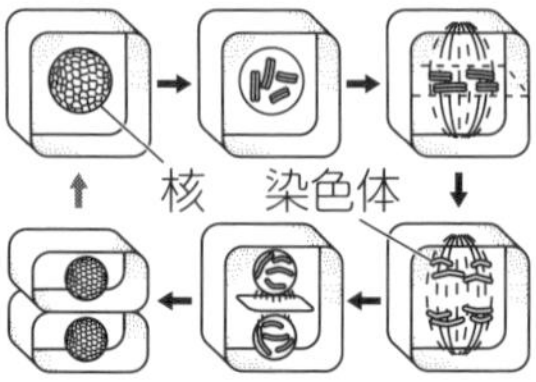

〈〈動物の有性生殖〉〉

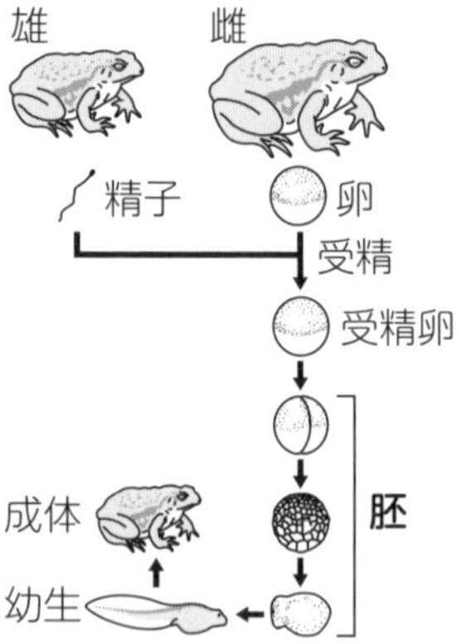

〈〈細胞のつくり〉〉

植物の細胞　動物の細胞

葉緑体　液胞　細胞壁　核　細胞膜

核…細胞に１個ずつある。
細胞膜…細胞の内外を区別する膜。
葉緑体…光合成を行う緑色の粒。
液胞…細胞の活動でできる物質がとけた液体をたくわえる。
細胞壁…細胞膜の外側にあるしっかりとした仕切り。

例 題 〈遺伝の規則性〉

エンドウの種子の形質について，(1)～(3)の問いに答えなさい。ただし，エンドウの種子の形を丸くする遺伝子をＡ，しわにする遺伝子をａとする。

(1) 図Ⅰのように，代々丸い種子をつくるエンドウと，代々しわのある種子をつくるエンドウをかけ合わせると，できた種子（子）はすべて丸いことが確認されました。子のエンドウの生殖細胞にふくまれる可能性がある遺伝子を，次のア～オからすべて選びなさい。

ア　AA　　イ　Aa　　ウ　aa　　エ　A　　オ　a

図Ⅰ

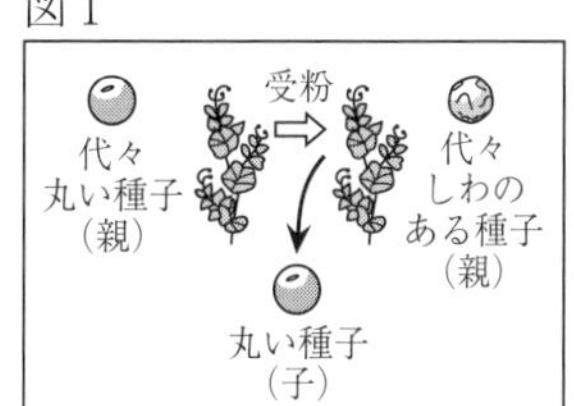

(2) 図Ⅱのように，(1)でできた種子（子）をまいて育て，自家受粉させると，できた種子（孫）には丸い種子としわのある種子が得られました。孫の代で，丸い種子の個数としわのある種子の個数のおよその比を，整数の比で答えなさい。

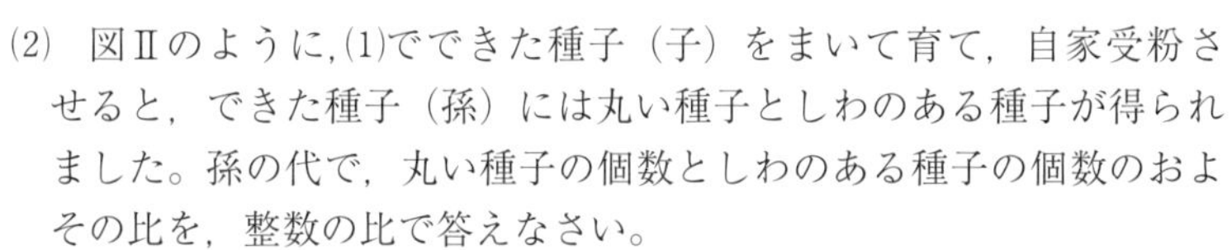

図Ⅱ

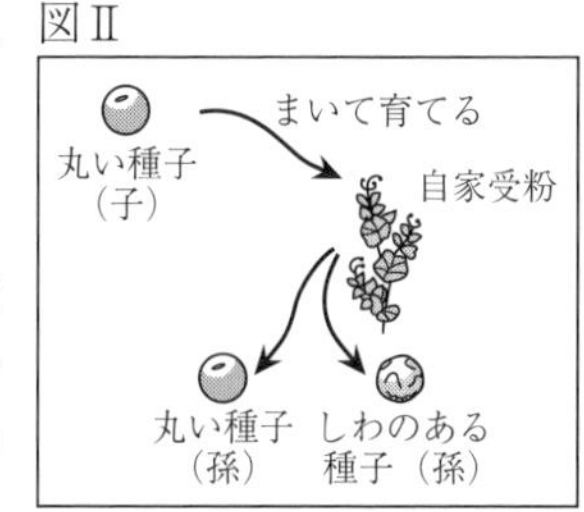

(3) 図Ⅱで得られた丸い種子（孫）のエンドウと，代々しわのある種子をつくるエンドウを数多くかけ合わせて，できた種子（ひ孫）の形を調べました。ひ孫の代で，丸い種子の個数としわのある種子の個数のおよその比を，整数の比で答えさい。

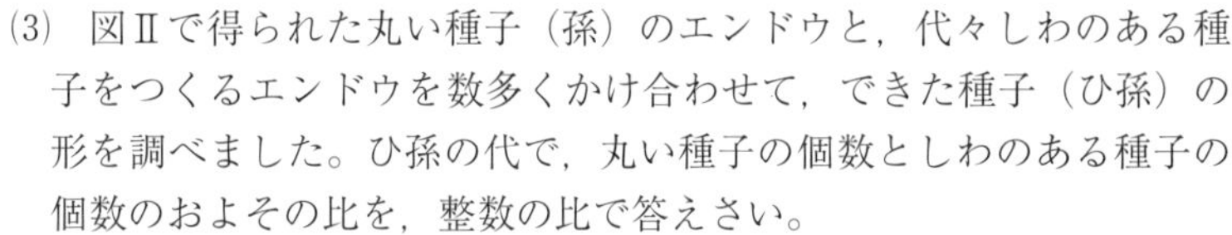

(1) 親の代はどちらも純系なので，親の遺伝子の組み合わせはAAとaa。
　分離の法則により，親の生殖細胞の遺伝子は右表のようになるので，子の遺伝子の組み合わせはすべてAa。
　よって，Aaの減数分裂により，子の生殖細胞にはAかaがふくまれるので，エとオ。

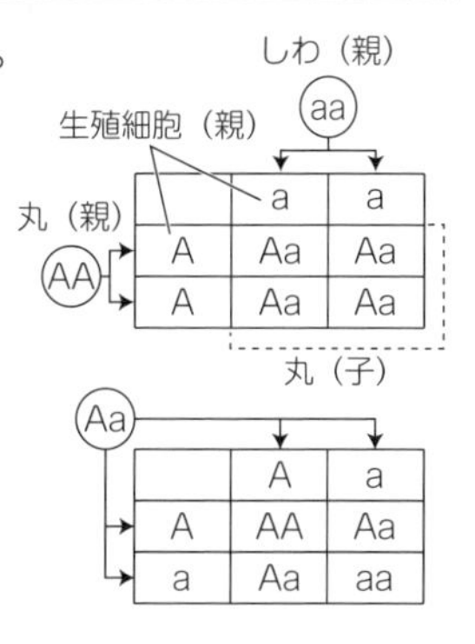

	a	a
A	Aa	Aa
A	Aa	Aa

	A	a
A	AA	Aa
a	Aa	aa

(2) AA・Aaの種子は丸い種子，aaの種子はしわのある種子となる。
　右表より，孫の遺伝子の組み合わせの比は，
　　AA：Aa：aa＝1：2：1なので，
　　(丸い種子)：(しわのある種子)＝(1＋2)：1＝3：1

(3) (2)より，丸い種子（孫）の遺伝子の組み合わせは，AA，Aa，Aa。
これらをaaのエンドウとかけ合わせたので，ひ孫の遺伝子の組み合わせは，次表のようになる。
よって，次表より，AAの種子は0，Aaの種子は8，aaの種子は4となるので，
　(丸い種子)：(しわのある種子)＝8：4＝2：1

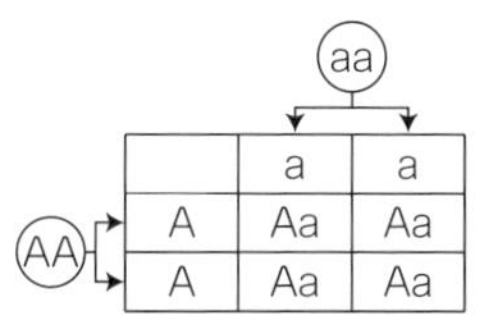

	a	a
A	Aa	Aa
A	Aa	Aa

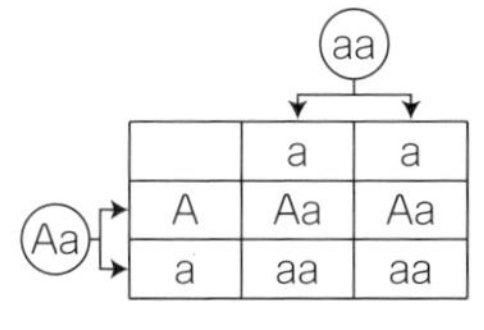

	a	a
A	Aa	Aa
a	aa	aa

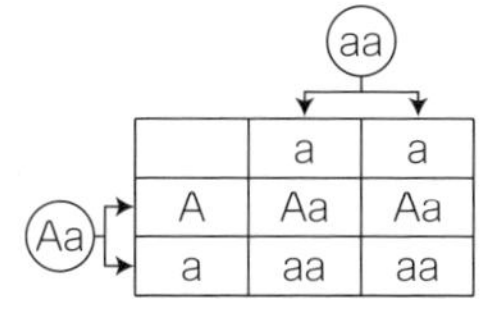

	a	a
A	Aa	Aa
a	aa	aa

遺伝の規則性の問題は，表にまとめて，整理しよう。

STEP UP

1　次の(1)から(7)の各問いに答えなさい。　（金光八尾高）

図１は，ある植物の葉の細胞を酢酸オルセイン溶液で染色して観察したときの模式図です。

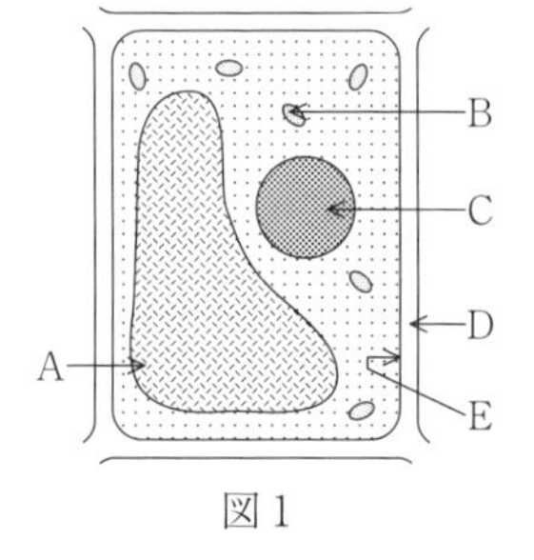

図１

(1)　次のａからｃの文で説明しているつくりを，図１のＡからＥより選び，記号で答えなさい。また，そのつくりの名称を漢字で答えなさい。

ａ．ふつう，１個の細胞に１個あり，染色液で染めて観察する。

ｂ．光合成を行う。

ｃ．丈夫な箱状で，植物の体の形を保つはたらきがある。

(2)　植物細胞と動物細胞を比べたとき，植物細胞だけにみられるつくりはどれですか。図１のＡからＥより全て選び，記号で答えなさい。

(3)　同じ植物の根の細胞では見ることができないつくりはどれですか。図１のＡからＥより１つ選び，記号で答えなさい。

ある植物の根の先端部分を用いて，細胞分裂のようすを観察しました。図２は体細胞分裂の過程における段階①から⑥の細胞を示しています。表は１つのプレパラートで見ることができた段階①から⑥の細胞の数を数えた結果をまとめたものです。なお，この植物では，細胞が１回目の分裂を始めてから２個の細胞に分かれ，さらにそれらの細胞が２回目の分裂を始めるまでにかかる時間は22時間であり，それぞれの段階の細胞の個数は，その段階にかかった時間に比例することがわかっています。

①

②
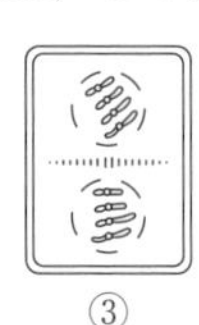
③
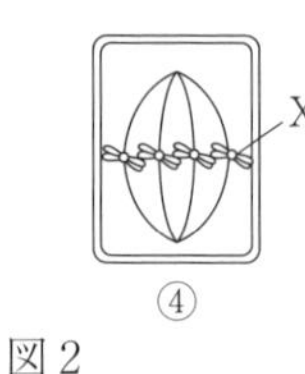

④

⑤
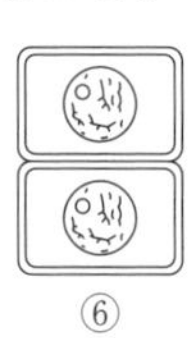
⑥

図２

※図２の⑥は，図２の①の細胞が２個ある状態を示している。

表

細胞分裂の段階	①と⑥を合わせて	②	③	④	⑤
細胞数〔個〕	600	7	9	9	35

(4)　図２の段階①から⑥を，①を始まり，⑥を終わりとして，細胞分裂が行われる順に並べなさい。

(5)　図２の段階②から④に見られる，ひも状のつくりＸの名称を漢字で答えなさい。

(6)　段階①と⑥では細胞分裂が行われていませんが，その時間は合わせて何時間になりますか。次のアからエより１つ選び，記号で答えなさい。

ア　２時間　　イ　６時間　　ウ　18時間　　エ　20時間

(7)　段階②にかかる時間は何分になりますか。次のアからエより１つ選び，記号で答えなさい。

ア　７分　　イ　14分　　ウ　21分　　エ　28分

2 次の観察について，後の各問いに答えなさい。（三重県）

〈観察〉 細胞分裂のようすについて調べるために，観察物として，種子から発芽したタマネギの根を用いて，次の(a)，(b)の順序で観察を行った。

(a) 次の方法でプレパラートをつくった。

1．タマネギの根を先端部分から5mm切り取り，スライドガラスにのせ，えつき針でくずす。

2．観察物に溶液Xを1滴落として，3分間待ち，ろ紙で溶液Xをじゅうぶんに吸いとる。

3．観察物に<u>酢酸オルセイン溶液を1滴落として，5分間待つ</u>。

4．観察物にカバーガラスをかけてろ紙をのせ，根を押しつぶす。

図

(b) (a)でつくったプレパラートを顕微鏡で観察した。図は，観察した細胞の一部をスケッチしたものである。

(1) (a)について，次の①，②の各問いに答えなさい。

① 溶液Xは，細胞を1つ1つ離れやすくするために用いる溶液である。この溶液Xは何か，次のア～エから最も適当なものを1つ選び，その記号を書きなさい。

ア ヨウ素溶液　イ ベネジクト溶液　ウ うすい塩酸　エ アンモニア水

② 下線部の操作を行う目的は何か，次のア～エから最も適当なものを1つ選び，その記号を書きなさい。

ア 細胞の分裂を早めるため。　イ 細胞の核や染色体を染めるため。

ウ 細胞を柔らかくするため。　エ 細胞に栄養を与えるため。

(2) (b)について，図のA～Fは，細胞分裂の過程で見られる異なった段階の細胞を示している。図のA～Fを細胞分裂の進む順に並べるとどうなるか，Aを最初として，B～Fの記号を左から並べて書きなさい。

1	(1)	a 記号		名称		b 記号		名称
		c 記号		名称				
	(2)		(3)		(4)	① → → → → → ⑥		
	(5)		(6)		(7)			
2	(1)	①	②		(2)	A → → → → →		

3 動物や植物の生殖について，次の各問いに答えなさい。　（帝塚山学院泉ヶ丘高）

(1)　次図は，カエルの受精から成長のしくみを表したものである。下の各問いに答えなさい。

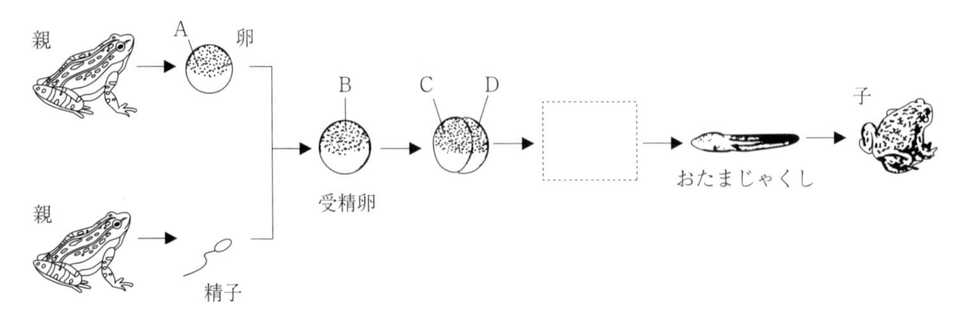

①　雄のからだで精子をつくる器官を何といいますか。

②　精子や卵(らん)がつくられるときに行われる細胞分裂を何といいますか。

③　図のBの細胞の核に含まれる染色体の数をN本とすると，図のA，C，Dの細胞の核に含まれる染色体の本数はどのようになるか。次のア～エからそれぞれ1つずつ選び，記号で答えなさい。ただし，同じ記号を繰り返し選んでもよいものとする。

ア　Nの半分の本数　　イ　N本　　ウ　Nの2倍の本数　　エ　Nの4倍の本数

④　上図の［　　　］にあてはまる次のア～オを，変化の順に並べかえたとき，2番目と4番目にくるものはどれか。それぞれ記号で答えなさい。

⑤　受精卵から生物のからだのつくりが完成していく過程を何といいますか。

(2)　ジャガイモには種子でふえる有性生殖と，いもでふえる無性生殖がある。右図は，たがいに形質の異なるジャガイモAとBの体細胞の染色体を模式的に表したものである。ただし，ジャガイモの体細胞の染色体の数は2本としてある。

Aの体細胞

Bの体細胞

Aのめしべの先にBの花粉がついてできた種子から育ったジャガイモをCとする。また，Aにできたいもから育ったジャガイモをDとする。次の①，②の体細胞の染色体のようすとして適当なものを，下のア～キからそれぞれ選び，記号で答えなさい。答えが2つ以上ある場合は，すべて答えること。

①　Cの体細胞

②　Dの体細胞

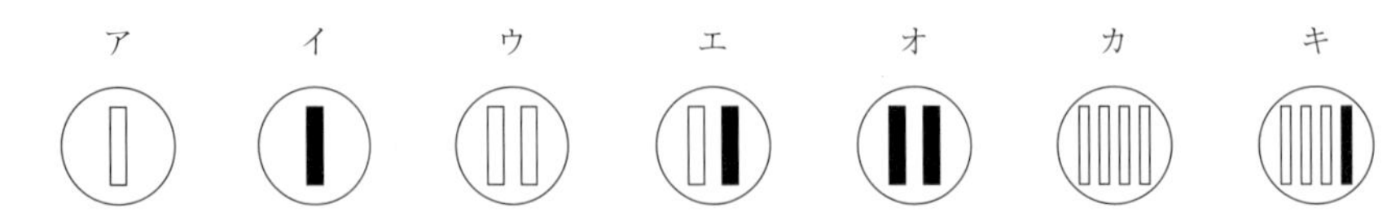

4 図は，ある植物の花の断面の模式図です。これについて，次の各問いに答えなさい。（東海大付大阪仰星高）

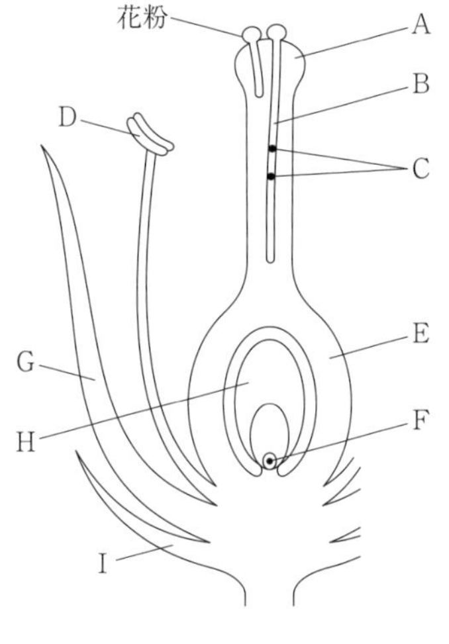

(1) 花粉はどこでつくられますか，図のA～Iから1つ選び，記号で答えなさい。

(2) 花粉から伸びたBを何といいますか，答えなさい。

(3) 花粉がAにつくことを何といいますか，答えなさい。

(4) 図のように，Eをもつ植物を何といいますか，答えなさい。

(5) 図のCの核とFの核が合体することを何といいますか，答えなさい。

(6) 生殖細胞がつくられるときの細胞分裂を何といいますか，答えなさい。

(7) 図のCの核とFの核が合体してできた細胞は，分裂をくり返して何になりますか，答えなさい。

5 ジャガイモのいもを，水を入れた皿に置いておくと，図1のように芽が出て成長し，新しい個体となった。このように，植物や動物などにおいて，親の体の一部から新しい個体がつくられることを無性生殖という。次の(1)，(2)に答えなさい。（山口県）

図1

水　いも

(1) さまざまな生物にみられる無性生殖のうち，ジャガイモなどの植物において，体の一部から新しい個体ができる無性生殖を何というか。書きなさい。

(2) 無性生殖において，親の体の一部からつくられた新しい個体に，親と全く同じ形質が現れるのはなぜか。理由を簡潔に述べなさい。

3	(1)	①		②		③	A		C		D	
		④	2番目		4番目		⑤					
	(2)	①		②								
4	(1)		(2)		(3)		(4)		(5)			
	(6)		(7)									
5	(1)		(2)									

6 エンドウの種子には，丸形としわ形があり，1つの種子にはそのどちらか一方の形質が現れる。エンドウを使って次の実験を行った。後の問いに答えなさい。なお，実験で使ったエンドウの種子の形質は，メンデルが行った実験と同じ規則性で遺伝するものとする。（富山県）

〈実験1〉

　エンドウの種子を育てて自家受粉させると，種子ができた。表1のA～Cは，自家受粉させた親の種子の形質と，その自家受粉によってできた子の種子の形質を表している。

表1

	親の種子の形質	子の種子の形質
A	丸形	丸形のみ
B	丸形	①丸形と②しわ形
C	しわ形	しわ形のみ

〈実験2〉

　実験1でできた子の種子のうち，表1の下線部①の丸形と下線部②のしわ形の中から種子を2つ選び，さまざまな組み合わせで交配を行った。表2のD～Hは，交配させた子の種子の形質の組み合わせと，その交配によってできた孫の種子の形質を表している。

表2

	交配させた子の種子の形質の組み合わせ	孫の種子の形質
D	丸形×丸形	丸形のみ
E	丸形×丸形	丸形としわ形
F	丸形×しわ形	丸形のみ
G	丸形×しわ形	③丸形としわ形
H	しわ形×しわ形	しわ形のみ

(1) エンドウの種子の丸形としわ形のように，どちらか一方の形質しか現れない2つの形質どうしを何というか，書きなさい。

(2) 表1のように，子の種子の形質は，親の種子の形質と同じになったり，異なったりする。次の文はその理由について説明したものである。文中の空欄（　　）にあてはまる内容を「生殖細胞」，「受精」ということばをすべて使って簡単に書きなさい。

　対になっている親の遺伝子が，減数分裂によって（　　）ことで，新たな遺伝子の対をもつ子ができるから。

(3) 表1から，親の種子が必ず純系であるといえるのはどれか。A～Cからすべて選び，記号で答えなさい。

(4) 表2の孫の種子である下線部③の丸形としわ形の数の比を，最も簡単な整数比で書きなさい。

(5) 表2において，交配させた子の種子が，両方とも必ず純系であるといえるのはどれか。D～Hからすべて選び，記号で答えなさい。

7 エンドウの遺伝に関する実験について，文章を読み，次の問いに答えなさい。（福岡大附若葉高）

　エンドウの子葉（しよう）の色の遺伝には，2種類の遺伝子が関係している。子葉の色を黄色にする遺伝子をAとし，子葉の色を緑色にする遺伝子をaとする。Aaの組み合わせをもつものを親Pとし，ある遺伝子の組み合わせをもつものを親Qとする。また，子葉の色が黄色い種子のことを「黄色」，子葉の色が緑色の種子のことを「緑色」とする。

　親Pのめしべの柱頭（ちゅうとう）に，親Qの花粉を人工的につけたところ，子の代で得られた種子の数は，「黄色」が601個，「緑色」が198個となった。

　図は，親の代から子の代までの染色体と遺伝子の伝わり方を模式的に表したものである。

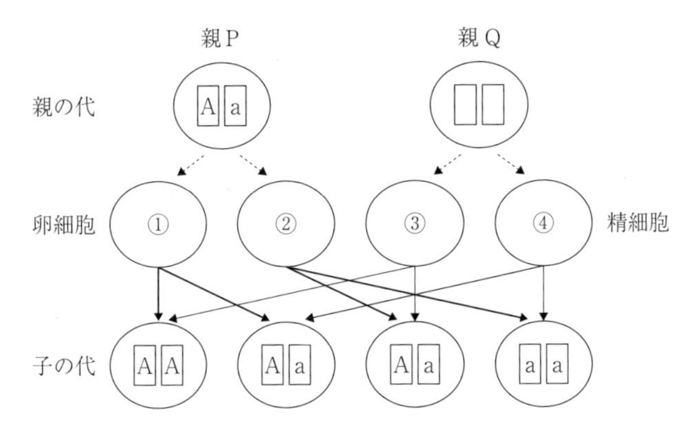

(1)　純系の「黄色」をつくるエンドウと純系の「緑色」をつくるエンドウをかけ合わせると，できる種子はすべて「黄色」で，遺伝子の組み合わせはAaとなる。このとき，子葉の色が黄色の形質は，緑色の形質に対して何の形質というか，最も適当な語句を漢字で書きなさい。

(2)　図の①～④にあてはまる組み合わせとして，最も適当なものを次のア～エのうちから1つ選び，記号で答えなさい。

ア　①　A　②　a　③　A　④　a

イ　①　A　②　A　③　A　④　a

ウ　①　Aa　②　Aa　③　Aa　④　Aa

エ　①　AA　②　aa　③　aa　④　aa

(3)　子の代で得られた「黄色」のうち，親Pと同じ遺伝子の組み合わせをもつ種子の数は，およそいくつか。次のア～エのうちから最も適当なものを1つ選び，記号で答えなさい。

ア　200個　　イ　300個　　ウ　400個　　エ　600個

(4)　親Pと同じ遺伝子の組み合わせをもつエンドウと，子の代で「緑色」から成長したエンドウをかけ合わせると，できる種子はどのような形質が，どのような比で表れるか。最も簡単な整数の比を用いて書きなさい。

6	(1)		(2)					
	(3)		(4)	丸形：しわ形＝　：		(5)		
7	(1)		(2)		(3)		(4)	

地学

9 地層

ニューウイング出題率 27.0%

【要点】

- □ **マグマ**　地下で，高温のために岩石がどろどろにとけたもの。
- □ **溶岩**　マグマが地表に流れ出たもの。
- □ **火山噴出物**　溶岩，**火山灰**，**火山ガス**など，火山の噴火で火口から噴出したもの。
  ※火山ガスのおもな成分は，**水蒸気**。
- □ **鉱物**　マグマが冷え固まり，結晶になったもの。
- □ **火成岩**　マグマが冷え固まってできた岩石。
- □ **火山岩**　マグマが**地表や地表付近**で，**急に冷え**固まった岩石。
- □ **斑状組織**　火山岩のつくり。
- □ **斑晶**　火山岩のつくりのうち，**比較的大きな鉱物**。
- □ **石基**　火山岩のつくりのうち，**細かい粒**などでできた部分。
- □ **深成岩**　マグマが**地下深く**で，**ゆっくり冷え**固まった岩石。
- □ **等粒状組織**　深成岩のつくり。
- □ **風化**　太陽の熱や水のはたらきなどで，岩石がしだいにくずれていくこと。
- □ **侵食**　水が岩石をけずるはたらき。
- □ **運搬**　水が土砂などを運ぶはたらき。
- □ **堆積**　水の流れがゆるやかなところで，運んだものを積もらせるはたらき。
- □ **堆積岩**　堆積物が押し固められてできた岩石。
- □ **化石**　**生物の遺がい**や，**生活の跡**が地層の中に残ったもの。
- □ **示相化石**　地層が堆積した**当時の環境**を推定できる化石。
  ※**限られた環境**に生息する生物の化石。
  ※**サンゴ**→浅くあたたかい海，**シジミ**→河口や湖，**ブナ**→やや寒い気候
- □ **示準化石**　地層が堆積した**年代**を推定できる化石。
  ※**限られた年代**に栄え，**広い地域**に生息した生物の化石。
  ※**フズリナ**，**サンヨウチュウ**→古生代
  　アンモナイト，**キョウリュウ**→中生代
  　ビカリア，**マンモス**→新生代
- □ **柱状図**　地層の重なりを，柱状に表した模式図。

〈〈マグマと火山，火成岩の関係〉〉

火山岩	玄武岩	安山岩	流紋岩
深成岩	斑れい岩	せん緑岩	花こう岩

〈〈堆積岩の種類と特徴〉〉

種類	堆積物	特徴	
れき岩	岩石や鉱物の破片	粒の大きさ	2 mm以上
砂岩			約 0.06 mm～2 mm
泥岩			約 0.06 mm以下
石灰岩	生物の遺がい	うすい塩酸	二酸化炭素が発生
チャート			気体は発生しない
凝灰岩	火山噴出物	粒が角ばっている	

例題〈地層の比較〉

ボーリング調査をもとにして，ある地域に広がる地層について調べた。図Ⅰは，この地域の地形を等高線で表し，ボーリング調査が行われたA～Dの地点を描きこんだものであり，A地点はC地点の真北に，B地点はD地点の真西にある。図Ⅱは，A～Dの地点の柱状図であり，火山灰の層はある火山の噴火によって同じ時期にできたものである。なお，この地域の地層はある方角に傾いており，上下の関係の逆転やずれはなく，各層は平行になっている。

図Ⅰ

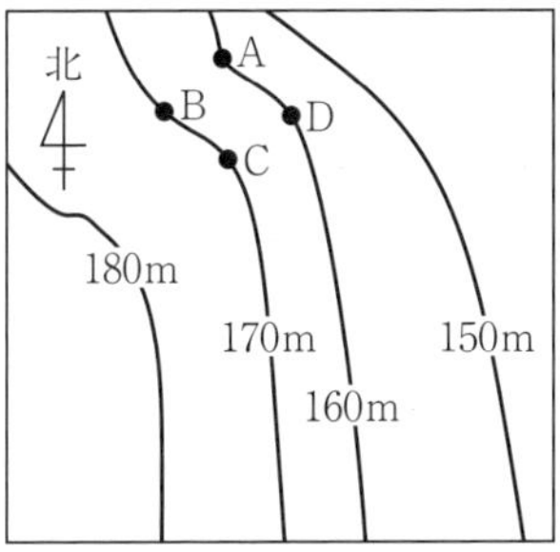

北
A
B
C
D
180m
170m
160m
150m

図Ⅱ

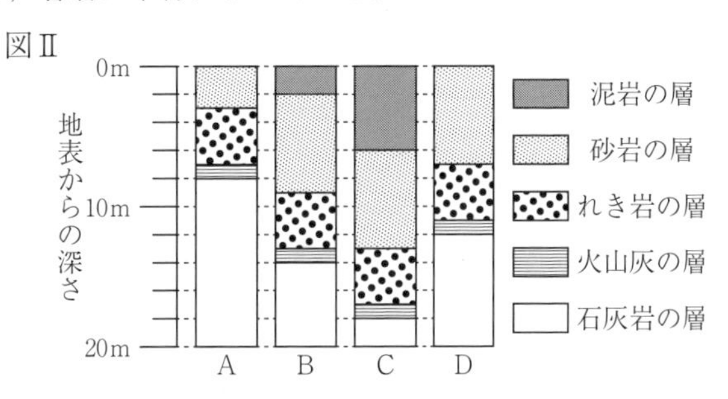

(1) 火山灰の層は，いずれも無色や白色の鉱物を多く含んでいた。この無色や白色の鉱物は何であると考えられるか。次のア～エから2つ選びなさい。
ア　チョウ石　　イ　キ石　　ウ　カンラン石　　エ　セキエイ

(2) この地域の地層はどの方角に低くなっていると考えられるか。次のア～エから選びなさい。
ア　東　　イ　西　　ウ　南　　エ　北

(3) この地域は地層が堆積した当時，海底にあったが，火山灰の層の上にある地層の重なり方から，この地域の海岸からの距離はどのように変化していったと考えられるか，答えなさい。

(1) おもな鉱物とその特徴をまとめると，次表のようになるので，アとエ。

	無色鉱物		有色鉱物			
	セキエイ	チョウ石	クロウンモ	カクセン石	キ石	カンラン石
色	無色 白色	白色 灰色	黒色	暗褐色 緑がかった黒色	暗緑色	緑がかった褐色
特徴	不規則に割れる	決まった方向に割れる	決まった方向にうすくはがれる	長い柱状	短い柱状	不規則に割れる

(2) 図Ⅰと図Ⅱより，火山灰の層（石灰岩の層との境界）の標高を求めると，

A地点は，160(m)－8(m)＝152(m)，
B地点は，170(m)－14(m)＝156(m)，
C地点は，170(m)－18(m)＝152(m)，
D地点は，160(m)－12(m)＝148(m)

よって，A地点とC地点（南北方向）の標高は同じで，　B地点とD地点（東西方向）では，D地点の層の方が低い位置にあり，東に向かって低くなっていると考えられるので，ア。

> 地層ができた時期の判別のてがかりとなる層を**かぎ層**という。
> かぎ層の標高を基準に考えよう。

(3) 一般に，下にある地層ほど古い時代に堆積している。
C地点の柱状図に注目すると，火山灰の層の上には，れき岩の層→砂岩の層→泥岩の層と堆積している。
よって，この地域は，海岸に近いところから，次第に海岸から離れていったと考えられる。

> **大きな粒**ほど，河口や岸に**近く，浅い**ところに堆積し，**小さな粒**ほど，岸から**遠く，深い**ところに堆積する。

STEP UP

1　Jさんは火山の形と溶岩の性質の関係を調べるために，小麦粉をエタノールに溶かして火山模型を作る実験を行った。次の各問いに答えなさい。　(福岡工大附城東高)

【実験手順】

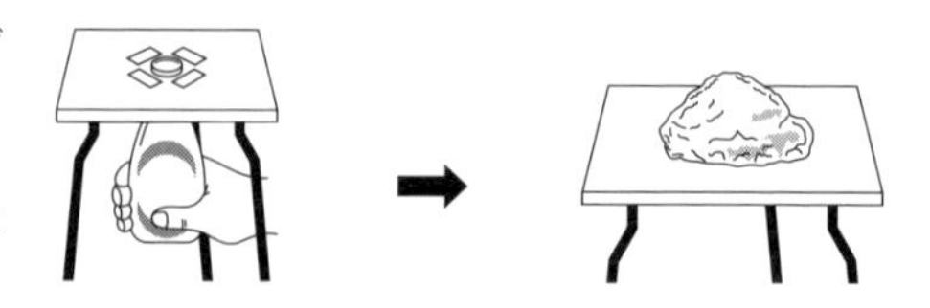

1．ボウルで小麦粉とエタノールをよく混ぜてどろどろの混合物にする。

2．混合物を空のマヨネーズの容器に入れて，中ぶたを取りつける。

3．穴をあけた発泡スチロール板の下からマヨネーズ容器を差しこむ。

4．ゆっくりとマヨネーズ容器を押して，混合物を発泡スチロール板の上に押し出す。

5．エタノールがある程度蒸発して混合物が少し固まった後，その形を観察する。

【実験内容および結果】

1．小麦粉とエタノールを1対1の割合で混ぜると，Aのようにうすく広がった。

2．小麦粉とエタノールの比率を変えると，Bのようにもり上がって，おわんをふせたような形になった。

(1)　下線部で行ったこととして最も適当なものを，次のア～エの中から1つ選び，記号で答えなさい。

ア　エタノールの比率を増やして，混合物の粘りけを大きくした。
イ　エタノールの比率を増やして，混合物の粘りけを小さくした。
ウ　エタノールの比率を減らして，混合物の粘りけを大きくした。
エ　エタノールの比率を減らして，混合物の粘りけを小さくした。

(2)　Bのような，おわんをふせたような形の火山の特徴を，次の①～③についてまとめた。適するものを，ア～カの中からそれぞれ1つずつ選び，記号で答えなさい。

①　溶岩の色
ア　白っぽい　　イ　黒っぽい

②　主な火成岩の種類
ウ　玄武岩　　エ　花こう岩

③　代表的な火山
オ　雲仙普賢岳(うんぜんふげんだけ)　　カ　三原山(みはらやま)(伊豆大島(いずおおしま))

(3)　Jさんの住む地方には「桜島(さくらじま)」という名前の円錐形(えんすいけい)をした有名な火山がある。このような形の火山は「成層火山(せいそう)」とよばれる。Jさんはこの円錐形の成層火山模型を作るために，AとBの間のいろいろな比率で小麦粉をエタノールに溶かして実験を行ったが，Cのような形になるだけで円錐形にできなかった。どうすれば同じ装置で円錐形の成層火山模型を作ることができるか。簡潔に答えなさい。

C

2 下図は２種類の火成岩Ａ，Ｂをスケッチし，特徴をまとめたものです。以下の問いに答えなさい。

（平安女学院高）

	火成岩Ａ	火成岩Ｂ
スケッチ	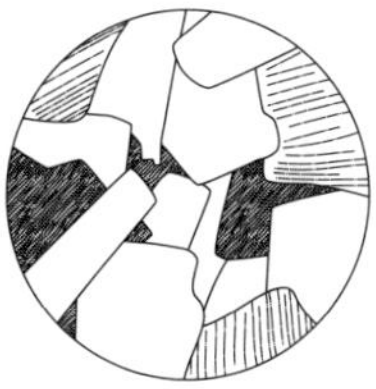	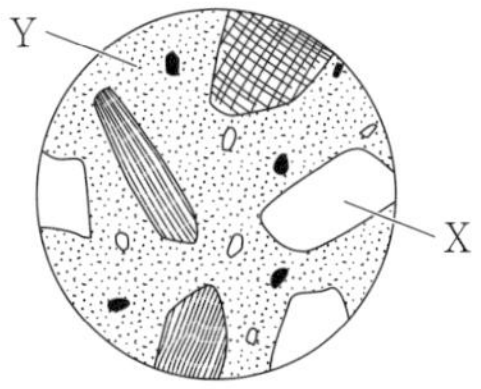 Y X
特徴	・全体的に白っぽい。 ・黒色，白色，透明感のある鉱物が，きっちりと組み合わさっている。	・全体的にやや黒っぽい。 ・黒色，暗緑色，白色の鉱物が，粒のよく見えない部分の中に散らばっている。

(1)　火成岩Ａ，Ｂのつくりをそれぞれ何といいますか。

(2)　火成岩Ｂで見られる，Ｘのような大きな鉱物の部分とＹのような比較的小さな鉱物の部分をそれぞれ何といいますか。

(3)　火成岩Ａができた場所とマグマの冷え方について，正しいものを次のア～エから選び，記号で答えなさい。

ア　地表近くで，急激に冷えた。　　イ　地表近くで，ゆっくり冷えた。

ウ　地下深くで，急激に冷えた。　　エ　地下深くで，ゆっくり冷えた。

(4)　火成岩Ａに含まれる有色鉱物，火成岩Ｂに含まれる鉱物Ｘ（白色）の名称を，次のア～エからそれぞれ選び，記号で答えなさい。

ア　カンラン石　　イ　チョウ石　　ウ　セキエイ　　エ　カクセン石

(5)　火成岩Ａ，Ｂの名称を，次のア～エからそれぞれ選び，記号で答えなさい。

ア　斑れい岩　　イ　玄武岩　　ウ　花こう岩　　エ　流紋岩

1	(1)		(2)	①		②		③							
	(3)														
2	(1)	A		B		(2)	X		Y						
	(3)		(4)	A		B		(5)	A		B				

3 ある露頭で地層の観察を行った。次図は，観察した地層のようすを模式的に表したものである。地層はP―Qを境に不連続になっており，P―Qより下の部分を地層A，上の部分を地層Bとする。地層Aには断層R―Sが見られた。このことについて，下の(1)～(5)の問いに答えなさい。ただし，この付近の地層における上下の逆転はないものとする。　　　　　　　　　　　　　（高知県[改題]）

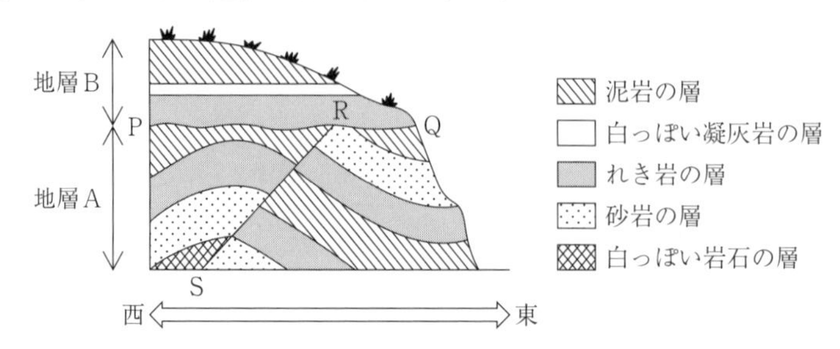

(1) 地層Aに見られる，大地の動きによる大きな力がはたらいてできた地層の曲がりを何というか，書きなさい。

(2) 地層Aに見られる，断層R―Sについて述べた文として最も適切なものを，次のア～エから1つ選び，その記号を書きなさい。

ア　地層が押し曲げられる前に，横から押す力によって，断層R―Sの西側が東側に対して上がってできた。

イ　地層が押し曲げられる前に，横から押す力によって，断層R―Sの東側が西側に対して上がってできた。

ウ　地層が押し曲げられた後に，横から押す力によって，断層R―Sの西側が東側に対して上がってできた。

エ　地層が押し曲げられた後に，横から押す力によって，断層R―Sの東側が西側に対して上がってできた。

(3) 地層A中には白っぽい岩石の層が見られた。この岩石をハンマーでたたいて割ると，断面にフズリナの化石が見られた。この岩石が石灰岩であることを確かめるためには，どのような実験を行い，どのような変化を確認すればよいか，簡潔に書きなさい。

(4) 地層A中の泥岩の層から，アンモナイトの化石が見つかった。アンモナイトのように，ある期間だけ栄えて広い範囲にすんでいた生物の化石は，その地層が堆積した年代を推定するのに役立つ。このような化石を何というか，書きなさい。

(5) 次の文は，この地層のでき方について述べたものである。文中の［X］・［Y］に当てはまる語の組み合わせとして最も適切なものを，後のア～エから1つ選び，その記号を書きなさい。

　地層Aと地層Bは，堆積してできた時期が違う。はじめに地層Aができ，次に陸上で風化によって岩石がもろくなったり，流れる水などのはたらきによる［X］によって削られたりすることで，P―Qが形成された。その後，地層Aが［Y］してP―Qが海底となり，その上に地層Bが堆積した。

ア　X―侵食　　Y―隆起　　イ　X―侵食　　Y―沈降　　ウ　X―運搬　　Y―隆起

エ　X―運搬　　Y―沈降

4 図はある露頭を観察した記録である。地層Cにはビカリアの化石，地層Fにはアサリの化石を含んでいる。これについて次の問いに答えなさい。　（ノートルダム女学院高）

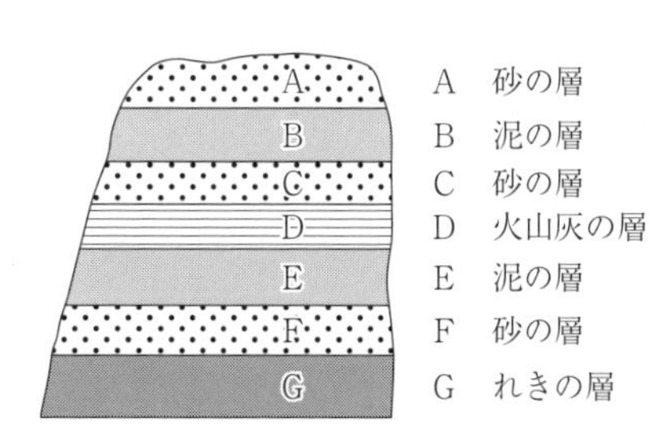

(1)　層E，F，Gは川から海に運ばれてきた堆積物でつくられている。これらの層ができた当時の環境について述べた次の文の空欄（①）～（③）に適語を入れなさい。

　泥，砂，れきは，粒子の大きさが異なるため，海に流れ込んだときの沈む速さが異なる。泥は，粒子が（①）ので，最も河口から（②）ところで堆積する。このことから，E～Gの3つの層の中で最も河口から離れた海底で堆積したと考えられるのは（③）の層である。

(2)　図の地層が堆積した当時のようすとして適切でないと考えられるものを次のア～エから選び，記号で答えなさい。

ア　層Dができたころには火山の噴火があった。

イ　層Bが堆積する前に，層Cが堆積した。

ウ　層Cは新生代に堆積した。

エ　層Aは層Bに比べて水の流れがゆるやかな環境で堆積した。

(3)　層Cの中のビカリアは地層が堆積した時代を知る手がかりとなる化石である。

①　このような化石を何というか。

②　このような化石となる条件を表した図はどれか。次のア～エの中から最も適したものを選び，記号で答えなさい。

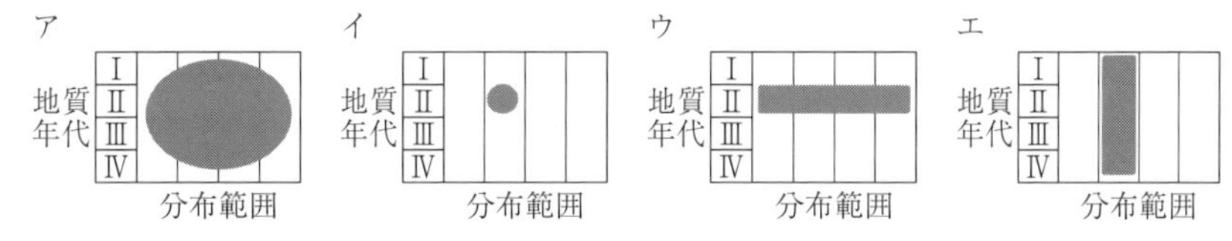

注：図中の色のついている部分は化石が分布していることを示している。

(4)　層Aから見つけることができないと考えられるものを次のア～エから選び，記号で答えなさい。

ア　アンモナイト　　イ　シジミ　　ウ　メタセコイア　　エ　マンモス

3	(1)		(2)		(3)				
	(4)	化石	(5)						
4	(1)	①		②		③		(2)	
	(3)	①		②		(4)			

5 ある地域で，地表から真下に深さ20mまで穴を掘り，地下のようすを調査し，地層について調べました。図1は，この地域の地形図を模式的に表したものであり，曲線は等高線を，数値は海面からの高さを示しています。また，地点A，B，Cは南北方向に，地点B，Dは東西方向に位置しています。図2は図1で示された各地点での柱状図を表しています。ただし，この地域では凝灰岩の層は2つあり，地層は互いに平行に重なり，西に向かって一定の割合で低くなるように傾いています。また，地層には上下の逆転や断層はないものとします。次の各問いに答えなさい。

（東海大付大阪仰星高）

図1
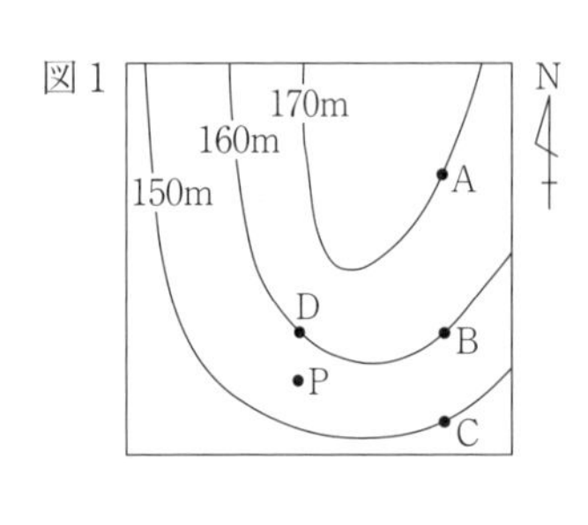

図2
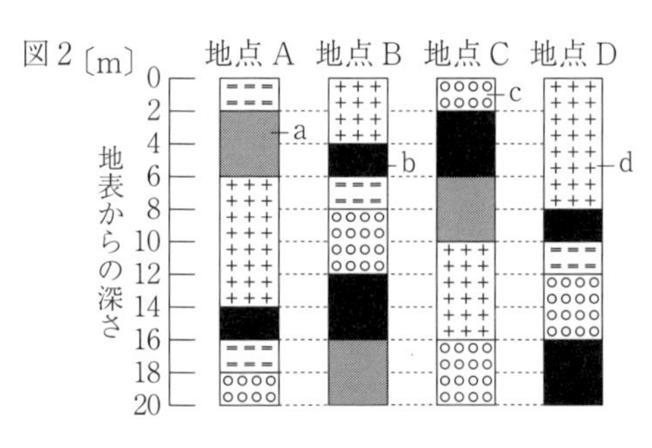

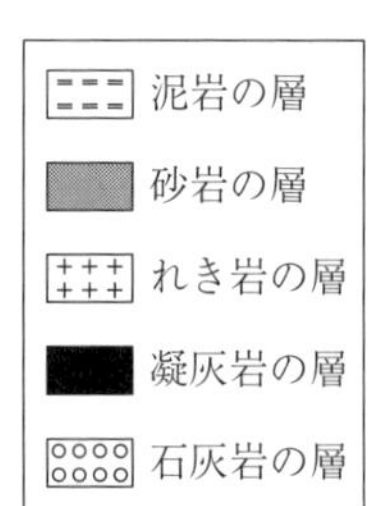

(1) 地点Aでの柱状図について，凝灰岩よりも上の層のようすを説明した文として最も適切なものはどれですか，次のア～エから1つ選び，記号で答えなさい。

ア　上の地層の岩石ほどふくまれる粒が大きいので，地点Aから河口までの距離はしだいに短くなった。

イ　上の地層の岩石ほどふくまれる粒が大きいので，地点Aから河口までの距離はしだいに長くなった。

ウ　上の地層の岩石ほどふくまれる粒が小さいので，地点Aから河口までの距離はしだいに短くなった。

エ　上の地層の岩石ほどふくまれる粒が小さいので，地点Aから河口までの距離はしだいに長くなった。

(2) 図2の地点Cでの砂岩の層からビカリアの化石が見つかりました。このことから，この砂岩が堆積した年代はいつであったと考えられますか，次のア～ウから1つ選び，記号で答えなさい。

ア　古生代　　イ　中生代　　ウ　新生代

(3) 図2の柱状図中のa～dの層のうち，堆積した時代が最も古いものはどれですか，a～dから1つ選び，記号で答えなさい。

(4) 図1中の地点Pは地点Dの真南にあり，海面からの高さは155mでした。地点Pにおける凝灰岩の層は地表から何m掘ったところで初めて出てきますか，答えなさい。

(5) 観察した地域とは異なる地域を調査したところ，図3のような地層をもつがけを見つけました。この地層ができるまでにはどのようなことがおこりましたか，次のア～エを古いものから新しいものへと順番に並べかえ，記号で答えなさい。

ア　地層Xが堆積した　　イ　地層Yが堆積した

ウ　しゅう曲が起きた　　エ　Q―R面で断層が起きた

図3
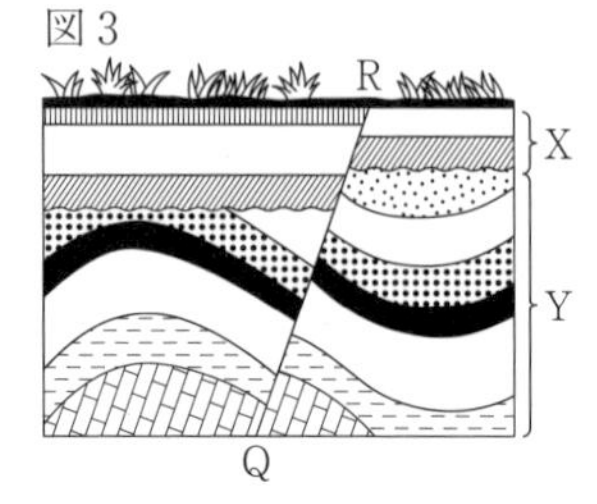

6 ある地域のA，B，Cの3地点でボーリングによる地下の地質調査を行った。図1はそれぞれの地点における地層と地表面からの深さの関係を模式的に表したものであり，図2は調査地点A～Cのある地域の地図である。また，この地域では地層の逆転や断層はないことがわかっている。以下の問いに答えなさい。　(履正社高)

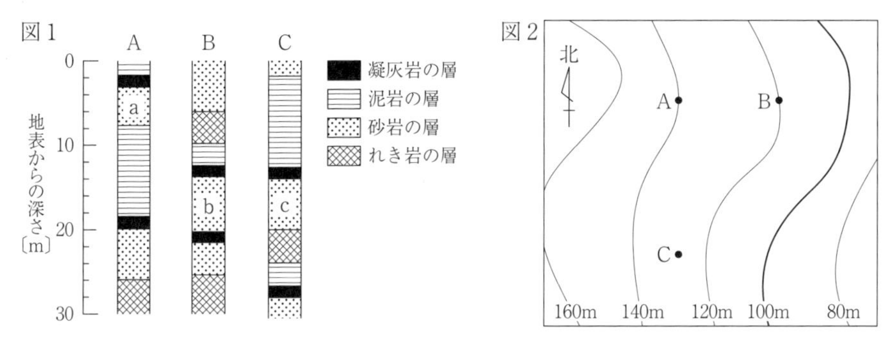

(1) 図のような地層を垂直方向にどのような順で堆積したかを示す図を何というか。漢字で答えなさい。

(2) 砂岩層bには三葉虫の化石が含まれていた。この層が堆積した時代は次のア～ウのどの時代であるか。また，この化石のように時代を特定することができる化石を何というか漢字で答えなさい。

ア　新生代　　イ　中生代　　ウ　古生代

(3) 砂岩層a，b，cを堆積した時代が古い順に並べなさい。

(4) この地層が堆積する間に火山活動は何回起こったと考えられるか。

(5) 図2の地図より，A地点の真南にC地点，真東にB地点が位置していること，A，B，Cの各地点の標高がそれぞれ140m，120m，130mであることがわかる。この地図と地層の様子から，この地域の地層はどの方角に低くなるように傾いているか。東西南北の方角で答えなさい。

5	(1)		(2)		(3)		(4)	m	(5)	→ → →
6	(1)		(2)	時代		化石		(3)		
	(4)	回	(5)							

地学

10 地震

ニューウイング出題率 17.1%

【要点】

□ 震源	地震が発生した地下の場所。
□ 震央	震源の真上にある地表の地点。
□ 初期微動	地震のゆれのうち，**はじめの小さな**ゆれ。
□ 主要動	地震のゆれのうち，**後からくる大きな**ゆれ。
□ P 波	**初期微動**を伝える地震の波で，伝わる速さが**速い**。
□ S 波	**主要動**を伝える地震の波で，伝わる速さが**遅い**。
□ 初期微動継続時間	地震を観測した地点に，P 波が伝わってから，S 波が伝わるまでの時間。
□ 震度	地震を観測した場所での地震の**ゆれの大きさ**。 ※ゆれの小さいほうから, 0, 1, 2, 3, 4, **5 弱**, **5 強**, **6 弱**, **6 強**, 7 の **10 段階**。
□ マグニチュード	地震の**規模を表す**尺度。 ※マグニチュードが **1 ふえる**と，地震のエネルギーは約 **32 倍**，**2 ふえる**と，**1000 倍**になる。
□ プレート	地球の表面をおおう岩石の層。
□ 海溝	海底で**プレートが沈みこむ**ところ。
□ 海嶺	海底で**プレートが生まれる**ところ。
□ 断層	地下で大規模な岩石の破壊が起こってできる**地層や土地のずれ**。
□ 活断層	断層のうち，**今後も地震を起こす**可能性があるもの。
□ しゅう曲	**地層**に長い期間大きな力がはたらき，**曲がった**もの。
□ 隆起	土地に大きな力がはたらき，**上昇**すること。
□ 沈降	土地に大きな力がはたらき，**下降**すること。
□ 津波	地震によって，海底が大きく変動することで発生し，**沿岸部に大きな被害**をもたらすことがある。
□ 緊急地震速報	震源に近い地点での観測データから，各地の主要動の発生時刻や震度を予測して，すばやく知らせるシステム。

〈〈地震の伝わり方〉〉

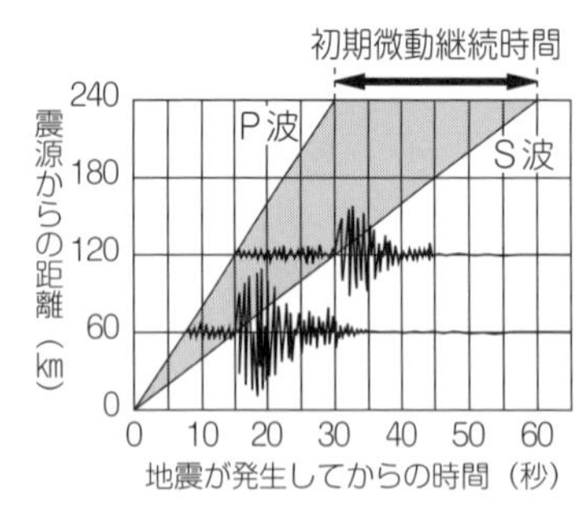

〈〈日本付近のプレートの動きと震源〉〉

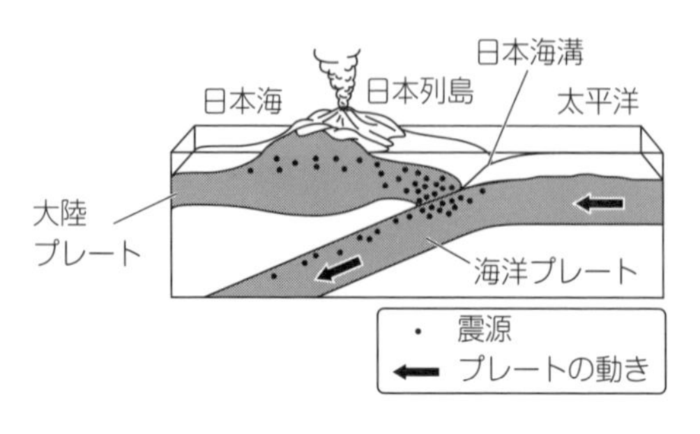

例題 〈地震の伝わり方〉

次表はある地震における初期微動と主要動の到達時間と震源からの距離の関係を示している。以下の問いに答えなさい。ただし，地震のゆれを伝える波は，一定の速さで伝わるものとする。

表

観測地点	A	B	C
震源からの距離(km)	40	120	
初期微動が始まった時刻	15時31分50秒	15時32分00秒	15時32分25秒
主要動が始まった時刻	15時31分55秒	15時32分15秒	15時33分05秒

(1) P波が伝わる速さは何km/sですか。

(2) C地点の震源からの距離は何kmですか。

(3) 震源からの距離が240kmの地点では，初期微動継続時間は何秒になりますか。

(4) この地震の発生時刻を答えなさい。

(1) 表より，初期微動を起こす波（P波）がA地点に伝わってからB地点に伝わるのにかかった時間は，

15時32分00秒－15時31分50秒＝10秒

A地点とB地点の，震源からの距離の差は，

120(km)－40(km)＝80(km)

よって，P波の速さは，

80(km)÷10(秒)＝8(km/s)

速さ・時間・距離の関係を理解しておこう。

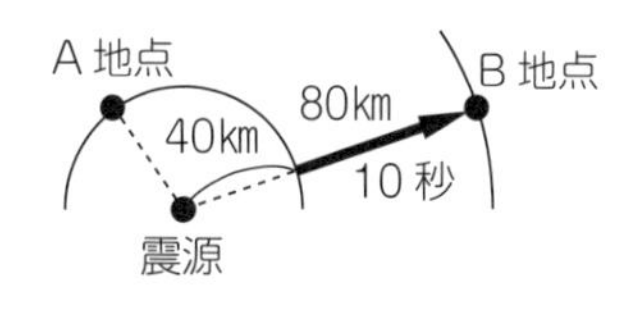

(2) 表より，P波がB地点に伝わってからC地点に伝わるのにかかった時間は，25秒。

25秒間にP波が伝わる距離は，

8(km/s)×25(秒)＝200(km)

よって，C地点の震源からの距離は，

120(km)＋200(km)＝320(km)

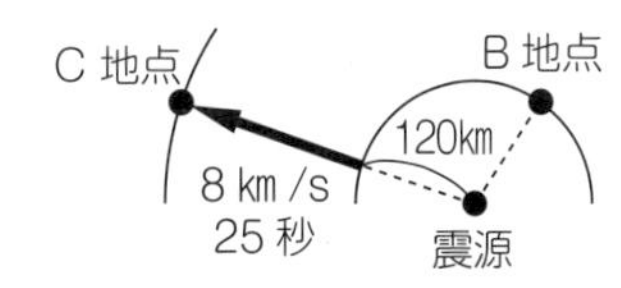

(3) 震源からの距離と，それぞれの波が到達した時刻をグラフに表すと，右のようになる。

よって，A地点（40 km）での初期微動継続時間が5秒なので，240 kmの地点での初期微動継続時間は，

$$5(秒)\times\frac{240(km)}{40(km)}=30(秒)$$

震源からの**距離**と，**初期微動継続時間**は**比例**している。

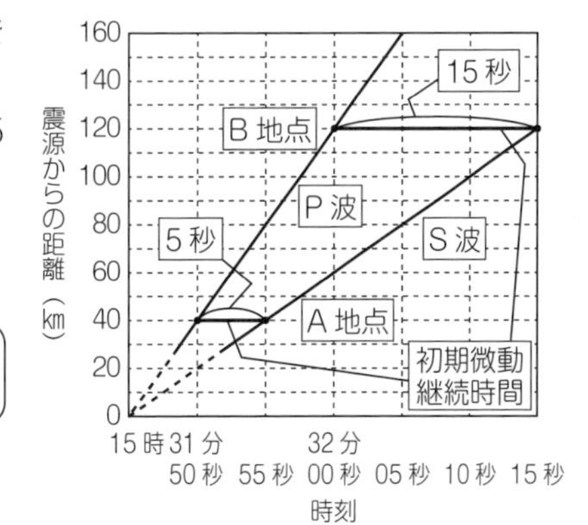

(4) 震源からA地点にP波が伝わるのにかかった時間は，

40(km)÷8(km/s)＝5(秒)

よって，地震の発生時刻は，

15時31分50秒－5秒＝15時31分45秒

上のグラフでは，P波とS波の直線の交わる時刻が，地震の発生時刻になる。

STEP UP

1 次の問いに答えなさい。（長崎県［改題］）

図１は，日本列島付近のプレートを模式的に表したもので，海洋プレートが大陸プレートの下に沈み込んでいる。このような地域では，プレートの動きによってそれぞれのプレートに大きな力が加わる。プレートがこの力に耐えきれなくなると，①プレートの内部の岩石が破壊されたり，②プレートの境界で大陸プレートがはね上がったりすることで，地震が発生する。

図１

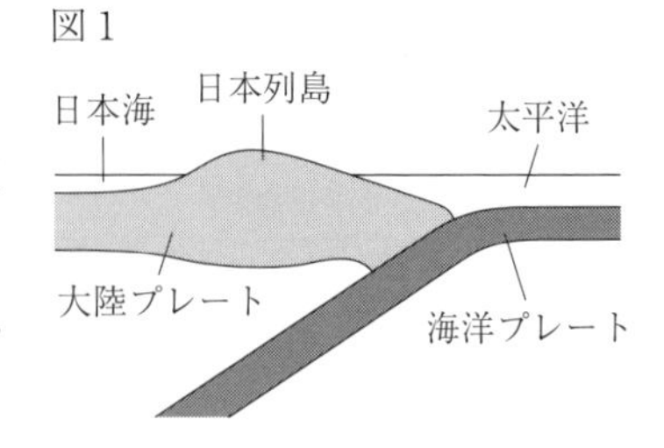

(1) 下線部①において，過去に地震を引き起こしており，今後も地震を起こす可能性がある断層を何というか。

(2) 下線部②において，海洋プレートの沈み込みによって発生する地震の震源の深さは，太平洋側から日本海側に向かってどのように変化するか説明しなさい。

2 次図は，日本付近の四つのプレートを模式的に表したものであり，これらのプレートは，それぞれ決まった向きに少しずつ動いている。このことについて，次の(1)・(2)の問いに答えなさい。

（高知県［改題］）

(1) 太平洋プレートとフィリピン海プレートのそれぞれの動きにともなって，太平洋プレートとフィリピン海プレートにそれぞれ示した■印の地点が動く向きの組み合わせとして最も適切なものを，次のア～エから１つ選び，その記号を書きなさい。

ア　aとc　　イ　aとd

ウ　bとc　　エ　bとd

(2) 近い将来，発生が予測されている南海地震は，海洋プレートと大陸プレートの境界付近で起こると考えられている。この地震が起こるしくみを述べた文として適切なものを，次のア～エから１つ選び，その記号を書きなさい。

ア　海洋プレートの動きによって大陸プレートが押し上げられ，押し上げられた大陸プレートがたえきれず，反発してもどるため。

イ　海洋プレートの動きによって大陸プレートが引きずり込まれ，引きずり込まれた大陸プレートがたえきれず，反発してもどるため。

ウ　大陸プレートの動きによって海洋プレートが押し上げられ，押し上げられた海洋プレートがたえきれず，反発してもどるため。

エ　大陸プレートの動きによって海洋プレートが引きずり込まれ，引きずり込まれた海洋プレートがたえきれず，反発してもどるため。

3 大地の成り立ちと変化に関する(1), (2)の問いに答えなさい。　(静岡県[改題])

(1) 日本付近には，太平洋プレート，フィリピン海プレート，ユーラシアプレート，北アメリカプレートがある。次のア～エの中から，太平洋プレートの移動方向とフィリピン海プレートの移動方向を矢印（⇨）で表したものとして，最も適切なものを１つ選び，記号で答えなさい。

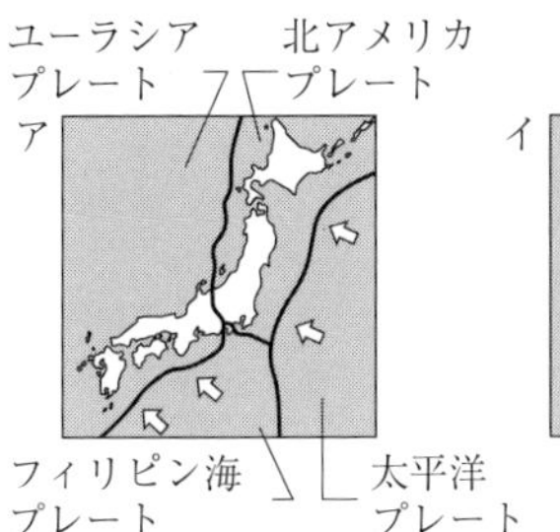

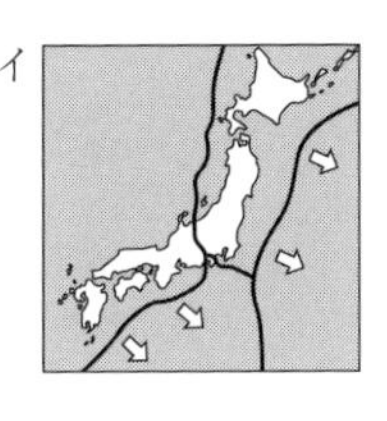

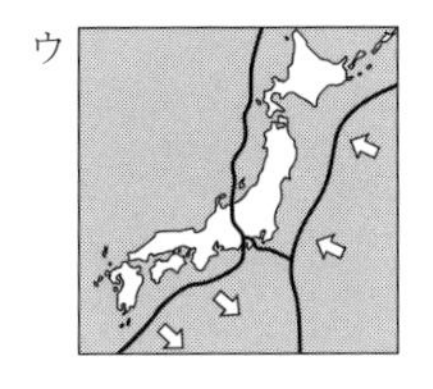

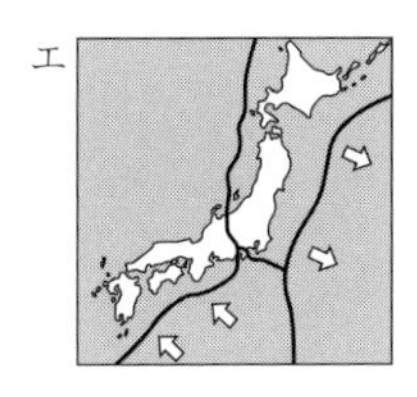

(2) 図１は，中部地方で発生した地震において，いくつかの観測地点で，この地震が発生してからＰ波が観測されるまでの時間（秒）を，○の中に示したものである。

図１

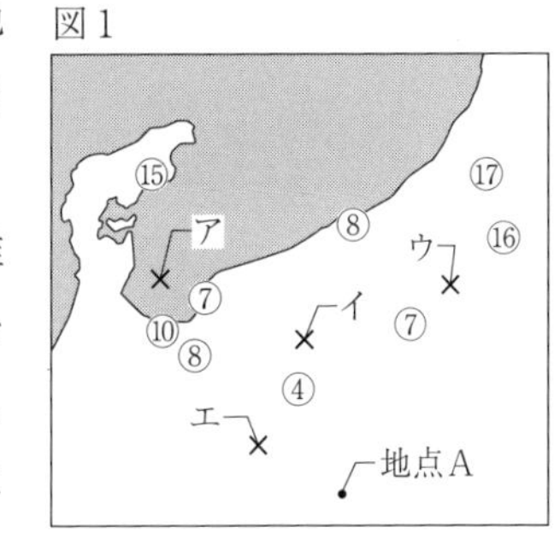

① 図１のア～エの×印で示された地点の中から，この地震の推定される震央として，最も適切なものを１つ選び，記号で答えなさい。ただし，この地震の震源の深さは，ごく浅いものとする。

② 次の文が，気象庁によって緊急地震速報が発表されるしくみについて適切に述べたものとなるように，文中の（ あ ），（ い ）のそれぞれに補う言葉の組み合わせとして，下のア～エの中から正しいものを１つ選び，記号で答えなさい。

緊急地震速報は，Ｐ波がＳ波よりも速く伝わることを利用し，（ あ ）を伝えるＳ波の到達時刻やゆれの大きさである（ い ）を予想して，気象庁によって発表される。

ア　あ 初期微動　い 震度　　　イ　あ 主要動　い 震度
ウ　あ 初期微動　い マグニチュード　　　エ　あ 主要動　い マグニチュード

1	(1)		(2)				
2	(1)		(2)				
3	(1)		(2)	①		②	

4 次の文は，ある地震の観測についてまとめたものである。(1)～(5)の問いに答えなさい。（福島県）

ある場所で発生した地震を，標高が同じ A，B，C 地点で観測した。

図は，A～C 地点の地震計が記録した波形を，震源からの距離を縦軸にとって並べたもので，横軸は地震発生前後の時刻を表している。3 地点それぞれの波形に，初期微動が始まった時刻を○で，主要動が始まった時刻を●で示し，それらの時刻を表にまとめた。

図

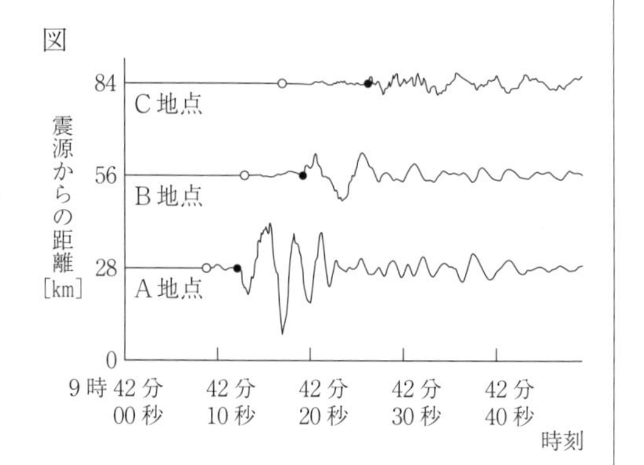

表

	A 地点	B 地点	C 地点
初期微動が始まった時刻	9 時 42 分 09 秒	9 時 42 分 13 秒	9 時 42 分 17 秒
主要動が始まった時刻	9 時 42 分 12 秒	9 時 42 分 19 秒	9 時 42 分 26 秒

(1) 地震のゆれが発生するときにできる，地下の岩盤に生じるずれを何というか。漢字 2 字で書きなさい。

(2) 震度について述べた文として最も適切なものを，次のア～カの中から 1 つ選びなさい。

ア　地震のエネルギーの大きさを表し，震源が浅い地震ほど大きくなることが多い。

イ　地震のエネルギーの大きさを表し，震源からの距離に比例して小さくなることが多い。

ウ　地震によるゆれの大きさを表し，震源が深い地震ほど大きくなることが多い。

エ　地震によるゆれの大きさを表し，震央を中心とした同心円状の分布となることが多い。

オ　気象庁がまとめた世界共通の階級で，観測点の地震計の記録から計算される。

カ　気象庁がまとめた世界共通の階級で，地震による被害の大きさをもとに決められる。

(3) 地震の発生がきっかけとなって起こる現象としてあてはまらないものを，次のア～オの中から 1 つ選びなさい。

ア　地盤の隆起　　イ　高潮　　ウ　がけくずれ　　エ　液状化現象　　オ　津波

(4) 次の文は，図や表からわかることをまとめたものである。□にあてはまることばとして最も適切なものを，下のア～オの中から 1 つ選びなさい。

震源から観測点までの距離が大きくなると，その観測点における□なる。

ア　地震計の記録のふれはばの最大値は大きく　　イ　マグニチュードは大きく

ウ　初期微動が始まる時刻は早く　　エ　主要動が始まる時刻は早く

オ　初期微動継続時間は長く

(5) この地震が発生した時刻として最も適切なものを，次のア～カの中から 1 つ選びなさい。ただし，地震の波が伝わる速さは一定であるとする。

ア　9 時 42 分 04 秒　　イ　9 時 42 分 05 秒　　ウ　9 時 42 分 06 秒　　エ　9 時 42 分 07 秒

オ　9 時 42 分 08 秒　　カ　9 時 42 分 09 秒

5 下図は，ある地域で起こった地震について，震源からの距離の異なる2つの地点における地震計の記録をもとに，P波の到着時刻およびS波の到着時刻と震源からの距離との関係を表したものである。これについて，次の各問いに答えなさい。なお，地震のゆれが伝わる条件は一定であり，地震の波が伝わる速さはどこでも一定であるとする。また，ゆれやすさなどの条件はどの地点でも同じであるとする。　　　　　　　　　　　　　　　　　　　　　　　　　　　（奈良大附高）

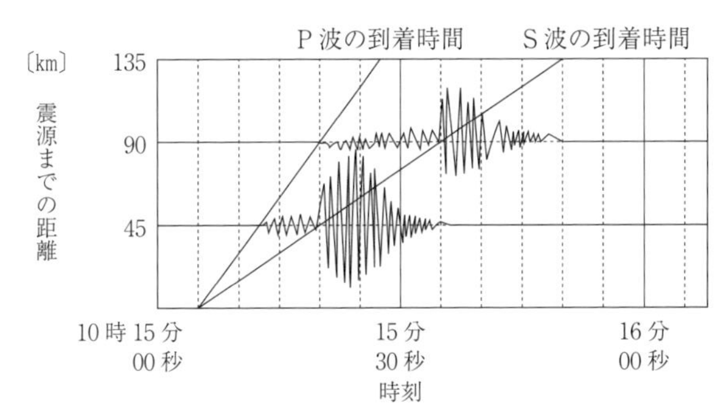

(1) 地震は最初，P波によって小さなゆれが起こり，後から伝わってくるS波によって大きなゆれが起こる。このうち，S波による大きなゆれを何というか，漢字で答えなさい。

(2) この地震におけるP波の伝わる速さは何km/sになるか，求めなさい。

(3) P波が到着してからS波が到着するまでの時間を何というか，漢字で答えなさい。

(4) 震源から次の地点①，②では，P波が到着してからS波が到着するまでに何秒かかるか，それぞれ求めなさい。

① 90kmの地点　　② 270kmの地点

(5) この図より，この地震が発生した時刻は何時何分何秒と考えられるか，答えなさい。

(6) 次の文章の空欄（ ア ），（ イ ）に当てはまる適切な語句をそれぞれ答えなさい。

震源での地震の規模の大小は（ ア ）で表され，観測地点での地震によるゆれの強さは（ イ ）で表される。（ イ ）は，（ ア ）の大きさや，震源からの距離によって変わる。

(7) 緊急地震速報は，P波による小さなゆれをすばやく感知し，S波による大きなゆれがはじまることを知らせることで，災害を減らすシステムである。この地震において，震源からの距離が30kmの地点に設置されている地震計が，P波を感知したと同時に各地に緊急地震速報が送られたとする。震源からの距離が90kmの地点では，緊急地震速報の受信からS波が到着するまでに何秒かかるか，求めなさい。

4	(1)		(2)		(3)		(4)		(5)						
5	(1)		(2)	km/s	(3)		(4)	①	秒	②	秒				
	(5)	時　分　秒	(6)	ア		イ		(7)	秒						

6 下表は，ある地震のA～Cの観測地点における初期微動および主要動が始まった時刻と震源からの距離をまとめたものです。これについて，次の各問いに答えなさい。　（上宮太子高）

観測地点	A	B	C
初期微動の始まり	10時30分50秒	10時31分00秒	10時31分10秒
主要動の始まり	10時30分55秒	10時31分15秒	10時31分35秒
震源からの距離	40km	120km	200km

(1)　地震の規模の大きさは何で表されますか。

(2)　初期微動を伝える波を何といいますか。

(3)　初期微動と主要動を伝える波の速さは何km/sですか。それぞれ求めなさい。

(4)　観測地点A～Cでの初期微動継続時間はそれぞれ何秒ですか。

(5)　この地震の初期微動継続時間と震源からの距離の関係を表すグラフを，図中に書き入れなさい。

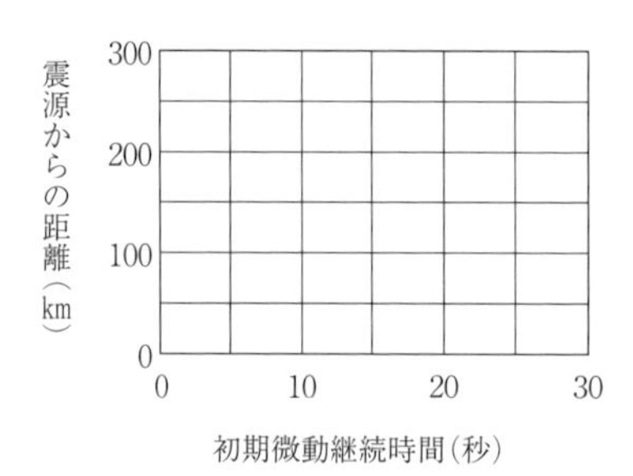

(6)　初期微動継続時間と震源からの距離の間にはどのような関係がありますか。

(7)　震源からの距離が100kmの地点での初期微動継続時間は何秒ですか。

(8)　初期微動継続時間が20秒であった地点の震源からの距離は何kmですか。

(9)　この地震の発生時刻は何時何分何秒ですか。

6	(1)		(2)		(3)	初期微動	km/s	主要動	km/s		
	(4)	A	秒	B	秒	C	秒	(5)	図中に記入	(6)	
	(7)	秒	(8)	km	(9)	時　分　秒					

解答・解説 理科

1．力・圧力 (P. 9～13)

〈解答〉

[1] (1) 12 (cm)　(2) 19 (cm)　(3) 27 (cm)
[2] (1) 3 (cm)　(2) 1.5 (cm)　(3) 1 (cm)
(4) 1 (cm)
[3] (1) 30 (kg)　(2) 1.5 (N/cm^2)　(3) 15000 (Pa)
[4] (1)〔垂直〕抗力　(2) ウ　(3) ① 1.2 (N)　② ウ
[5] (1) (半分) 0.05 (N)　(全部) 0.10 (N)
(2) ウ　(3) イ
[6] (1) ウ　(2) イ　(3) エ
[7] (1) (力の)合成　(2) (次図)
(3) a. ア　b. ウ　(4) 5.0 (N)

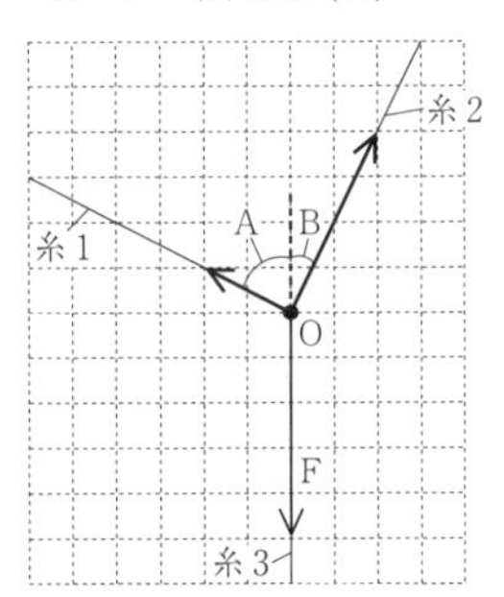

[1] (1) 表より，おもりの質量が，40 (g) − 20 (g) = 20 (g)増えると，ばねの長さは，16 (cm) − 14 (cm) = 2 (cm)長くなるので，おもりをつるしていないときのばねの長さは，14 (cm) − 2 (cm) = 12 (cm)
(2) (1)より，ばねの長さは，12 (cm) + 2 (cm) × $\frac{70\,(\mathrm{g})}{20\,(\mathrm{g})}$ = 19 (cm)
(3) 質量 100g の物体にはたらく重力が 1 N なので，1.5N の力は，100 (g) × $\frac{1.5\,(\mathrm{N})}{1\,(\mathrm{N})}$ = 150 (g)のおもりにはたらく重力と等しい。よって，ばねの長さは，12 (cm) + 2 (cm) × $\frac{150\,(\mathrm{g})}{20\,(\mathrm{g})}$ = 27 (cm)

[2] (1) 図アより，おもりの質量が 60g のときのばね A のグラフを読みとると，3 cm。
(2) 図アより，おもりの質量が 60g のときのばね B のグラフを読みとると，1.5cm。
(3) 下向きにはたらくおもりの重力は滑車により向きが変わる。図アより，(2)と同様にグラフを読みとると，1 cm。
(4) 右側のおもりは，ばね B が動かないように固定の役割をしていると考えられるので，ばね B ののびは，図 3 と同じ 1 cm。

[3] (1) 100 (g) × $\frac{300\,(\mathrm{N})}{1\,(\mathrm{N})}$ = 30000 (g)より，30kg。
(2) 面 A の面積は，10 (cm) × 20 (cm) = 200 (cm^2)
よって，$\frac{300\,(\mathrm{N})}{200\,(\mathrm{cm}^2)}$ = 1.5 (N/cm^2)
(3) 200cm^2 = 0.02m^2 より，$\frac{300\,(\mathrm{N})}{0.02\,(\mathrm{m}^2)}$ = 15000 (N/m^2)　1Pa = 1 N/m^2 なので，15000Pa。

[4] (2) 物体 A が床を押す力の大きさは，1 (N) × $\frac{40\,(\mathrm{g})}{100\,(\mathrm{g})}$ = 0.4 (N)　物体 B が床を押す力の大きさは，1 (N) × $\frac{120\,(\mathrm{g})}{100\,(\mathrm{g})}$ = 1.2 (N)　また，物体 A の底面積は，4 cm^2 = 0.0004m^2 なので，物体 A が床におよぼす圧力の大きさは，$\frac{0.4\,(\mathrm{N})}{0.0004\,(\mathrm{m}^2)}$ = 1000 (Pa)
物体 B の底面積は，16cm^2 = 0.0016m^2 なので，物体 B が床におよぼす圧力の大きさは，$\frac{1.2\,(\mathrm{N})}{0.0016\,(\mathrm{m}^2)}$ = 750 (Pa)
(3) ① (2)より，物体 A 1 個が床を押す力の大きさは 0.4N なので，物体 A 3 個が床を押す力の大きさは，0.4 (N) × 3 (個) = 1.2 (N)　② 物体 A 3 個が床におよぼす圧力の大きさは，$\frac{1.2\,(\mathrm{N})}{0.0004\,(\mathrm{m}^2)}$ = 3000 (Pa)
積み上げた物体 B が床を押す力の大きさは，3000 (Pa) × 0.0016 (m^2) = 4.8 (N)　よって，積み上げた物体 B の数は，$\frac{4.8\,(\mathrm{N})}{1.2\,(\mathrm{N})}$ = 4 (個)

[5] (1) アルミニウムのおもりにはたらく重力は，手順 1 の結果より，0.85N。アルミニウムのおもりにはたらく浮力は，手順 2 の結果より，半分水に入れたときは，0.85 (N) − 0.80 (N) = 0.05 (N)　手順 3 の結果より，全部水に入れたときは，0.85 (N) − 0.75 (N) = 0.10 (N)

⑵ プラスチックのおもりにはたらく浮力は，半分水に入れたときは，0.40 (N) − 0.35 (N) = 0.05 (N)，全部水に入れたときは，0.40 (N) − 0.30 (N) = 0.10 (N)　⑴とあわせて考えると，アルミニウムもプラスチックも全部水に入れたときの浮力は半分水に入れたときの浮力の，$\frac{0.10\ (N)}{0.05\ (N)}$ = 2 (倍)

⑶ ⑴・⑵より，同じ体積のアルミニウムとプラスチックを半分水に入れたときと全部水に入れたときの浮力の大きさが等しいので，水中のおもりの体積が浮力に影響することがわかる。

6 ⑴ 水圧は，水の深さが深くなるほど大きくなるので，深い位置にあるゴム膜ほど大きくへこむ。

⑵ 深さが同じところでは，ゴム膜にかかる水圧が等しくなるので，同じへこみ方になる。沈めた深さは20cm なので，実験①の A 面と同じだけへこむ。

⑶ ゴム膜がへこんだ状態からピンチコックでゴム管をふさいで，空気が入らないようにして持ち上げているので，ゴム膜はへこんだまま。水圧と同様，大気圧も上空にいくほど小さくなるが，A 面と B 面にかかる大気圧の差は非常に小さいので，へこみ方は同じになる。

7 ⑵ 図 2 で力 F とつり合う力の矢印を書き，その矢印が糸 1 と糸 2 がとなり合う 2 辺の平行四辺形の対角線になるように力を分解する。

⑶ 糸 1 と糸 2 が点 O を引く力の合力は，力 F とつり合うので，A，B の角度を大きくすると，ばねばかり 1，2 が示す値は大きくなる。

⑷ A，B の角度が 60° のとき，力 F とつり合う力が対角線で，糸 1 と糸 2 がとなり合う 2 辺の平行四辺形は，力 F とつり合う力と糸 1 がとなり合う 2 辺となる正三角形を 2 つ並べたようなひし形になる。よって，力 F とつり合う力の大きさと，糸 1 が点 O を引く力の大きさは等しくなる。

2．電　流 (P. 17~21)

〈解答〉

1 ⑴ ① ア　② 20 (Ω)　⑵ エ

2 ⑴ 0.15 (A)　⑵ 6 (V)　⑶ 60 (Ω)
⑷ 大　⑸ 0.4 (A)　⑹ ア　⑺ 10 (Ω)
⑻ 不導体(または，絶縁体)　⑼ ウ

3 ⑴ 比例　⑵ オーム(の法則)　⑶ 1.5 (A)
⑷ 3 (Ω)　⑸ 直列(回路)　⑹ 2.4 (Ω)
⑺ 5 (A)　⑻ ウ

4 ⑴ 伝導　⑵ 30 (Ω)　⑶ 32 (V)　⑷ 2.0 (A)
⑸ (ビーカー) A　(温度) 2.0 (℃)
⑹ (ビーカー) D　(温度) 1.5 (℃)

5 ⑴ X. 電流計　Y. 電圧計
⑵ (電熱線 A) 2268 (J)　(電熱線 B) 756 (J)
⑶ 0.00315 (kWh)　⑷ 0.42 (A)
⑸ (電熱線 A) 7.9 (Ω)　(電熱線 B) 23.8 (または，23.7) (Ω)
⑹ 24 (℃)

1 ⑴ ① 電流計の示す値は 30.0mA なので，目盛りの右端が 50mA の − 端子につながっていることがわかる。イは 300.0mA，ウは 3.0A を示している。② 抵抗器 a と抵抗器 b の合成抵抗の大きさは，30.0mA = 0.03A なので，オームの法則より，$\frac{1.5\ (V)}{0.03\ (A)}$ = 50 (Ω)　よって，抵抗器 a の抵抗の大きさは，50 (Ω) − 30 (Ω) = 20 (Ω)

⑵ 並列回路では，各抵抗器に加わる電圧の大きさは電源の電圧の大きさと等しく，各抵抗器に流れこむ電流の大きさの和は回路全体に流れる電流の大きさと等しい。また，回路全体の抵抗の大きさは，各抵抗器の抵抗の大きさよりも小さくなる。

2 ⑴ オームの法則より，流れる電流の強さは，$\frac{3\ (V)}{20\ (\Omega)}$ = 0.15 (A)

⑵ 電源の電圧は，20 (Ω) × 0.3 (A) = 6 (V)

⑶ 抵抗 R の値は，$\frac{6\ (V)}{0.1\ (A)}$ = 60 (Ω)

⑸ 図 5 より，電源の電圧が 3 V のとき a 点を流れる電流は 0.3A，b 点を流れる電流は 0.1A。図 4 は並列回路なので，a 点を流れる電流と b 点を流れる電流の和は c 点を流れる電流と等しい。よって，c 点

を流れる電流の大きさは，0.3(A)＋0.1(A)＝0.4(A)

(6) 図5より，0.1Aの電流が流れるとき，電熱線R_1に加わる電圧は1V，電熱線R_2に加わる電圧は3Vなので，同じ強さの電流が流れるときはR_2の方がR_1よりも大きな電圧が加わっている。

(7) 図5より，電熱線R_1の抵抗の値は，$\frac{3(V)}{0.3(A)}$＝10(Ω)

3 (1) グラフが原点を通る直線になっているので，電圧と電流は比例の関係。

(3) 図1のグラフより，抵抗器Pに3.0Vの電圧を加えると1.0Aの電流が流れるので，オームの法則より，1.0(A)×$\frac{4.5(V)}{3.0(V)}$＝1.5(A)

(4) (3)より，$\frac{3.0(V)}{1.0(A)}$＝3(Ω)

(6) 図1のグラフより，抵抗器Qに6.0Vの電圧を加えると0.5Aの電流が流れるので，抵抗器Qの抵抗の大きさは，$\frac{6.0(V)}{0.5(A)}$＝12(Ω)　合成抵抗の大きさをRΩとすると，抵抗器Pの抵抗の大きさは3Ωなので，$\frac{1}{R}=\frac{1}{3(Ω)}+\frac{1}{12(Ω)}$より，R＝2.4(Ω)

(7) (6)より，$\frac{12(V)}{2.4(Ω)}$＝5(A)

4 (2) 図2とオームの法則より，$\frac{12(V)}{0.4(A)}$＝30(Ω)

(3) 図2より，電熱線Yの抵抗は，$\frac{6(V)}{0.6(A)}$＝10(Ω)　図3で，電熱線Xと電熱線Yの合成抵抗は，30(Ω)＋10(Ω)＝40(Ω)　よって，電圧は，0.8(A)×40(Ω)＝32(V)

(4) 図4で，電熱線Xに流れる電流は，$\frac{15(V)}{30(Ω)}$＝0.5(A)　電熱線Yに流れる電流は，$\frac{15(V)}{10(Ω)}$＝1.5(A)　よって，電流計の値は，0.5(A)＋1.5(A)＝2.0(A)

(5) 図3で，電熱線Xにかかる電圧は，0.8(A)×30(Ω)＝24(V)なので，電熱線Xの発熱量は，24(V)×0.8(A)×210(秒)＝4032(J)　同様に，電熱線Yにかかる電圧は，0.8(A)×10(Ω)＝8(V)なので，電熱線Yの発熱量は，8(V)×0.8(A)×210(秒)＝1344(J)　電熱線XとYから生じる熱量の差は，4032(J)－1344(J)＝2688(J)　よって，ビーカーAとBの水温上昇の差は，$\frac{2688(J)}{4.2(J)\times 320(g)}$＝2(℃)　これより，ビーカーAの方が2℃高くなる。

(6) 図4で，電熱線Xの発熱量は，15(V)×0.5(A)×210(秒)＝1575(J)　同様に，電熱線Yの発熱量は，15(V)×1.5(A)×210(秒)＝4725(J)　電熱線XとYから生じる熱量の差は，4725(J)－1575(J)＝3150(J)　よって，ビーカーCとDの水温上昇の差は，$\frac{3150(J)}{4.2(J)\times 500(g)}$＝1.5(℃)　これより，ビーカーDの方が1.5℃高くなる。

5 (1) 測定する部分に対して，電流計は直列に，電圧計は並列につなぐ。

(2) (電熱線A) 表より，電流を流す前の水温は18.0℃，3分間電流を流したあとの水温は23.4℃なので，水温の変化は，23.4(℃)－18.0(℃)＝5.4(℃)　水1gを1℃上昇させるのに必要な熱量は4.2Jで，容器に水100gを入れたので，電熱線Aの発熱量は，4.2(J)×$\frac{100(g)}{1(g)}$×$\frac{5.4(℃)}{1(℃)}$＝2268(J)　(電熱線B) 電流を流す前の水温は18.0℃，3分間電流を流したあとの水温は19.8℃なので，水温の変化は，19.8(℃)－18.0(℃)＝1.8(℃)　よって，電熱線Bの発熱量は，4.2(J)×$\frac{100(g)}{1(g)}$×$\frac{1.8(℃)}{1(℃)}$＝756(J)

(3) (2)より，電熱線Aの3分間の発熱量は2268Jなので，3分＝180秒より，電熱線Aの消費電力は，$\frac{2268(J)}{180(s)}$＝12.6(W)　15分＝0.25時間より，電熱線Aを15分間使用したときに消費される電力量は，12.6(W)×0.25(h)＝3.15(Wh)　1kWh＝1000Whより，0.00315kWh。

(4) (2)より，電熱線Bの3分間の発熱量は756J。3分＝180秒より，電熱線Bの消費電力は，$\frac{756(J)}{180(s)}$＝4.2(W)　電熱線に加わる電圧は10Vなので，流れる電流は，$\frac{4.2(W)}{10(V)}$＝0.42(A)

(5)(電熱線A)(3)より，電熱線Aの消費電力は12.6W。電熱線に加わる電圧は10Vなので，流れる電流は，$\frac{12.6\,(\mathrm{W})}{10\,(\mathrm{V})} = 1.26\,(\mathrm{A})$　よって，抵抗の大きさは，オームの法則より，$\frac{10\,(\mathrm{V})}{1.26\,(\mathrm{A})} \fallingdotseq 7.9\,(\Omega)$　(電熱線B)(4)より，電熱線Bは10Vの電圧が加わると0.42Aの電流が流れるので，抵抗の大きさは，$\frac{10\,(\mathrm{V})}{0.42\,(\mathrm{A})} \fallingdotseq 23.8\,(\Omega)$　**【別解】**(2)より，電熱線Aの3分間の水温の変化が電熱線Bの，$\frac{5.4\,(℃)}{1.8\,(℃)} = 3$(倍)なので，電熱線Bの抵抗の大きさは電熱線Aの3倍。よって，電熱線Bの抵抗の大きさは，$7.9\,(\Omega) \times 3 = 23.7\,(\Omega)$

(6) 図2は並列回路なので，電熱線A，Bはどちらも電源電圧と同じ10Vの電圧が加わる。電熱線A，Bを入れた容器の条件はそれぞれ図1と同じなので，電熱線A，Bの水温はそれぞれ表と同じように変化する。(2)より，電熱線A，Bの3分間の水温の変化は，5.4℃，1.8℃。発熱量は時間に比例するので，水温の変化も時間に比例する。電熱線Aと電熱線Bの10分間の水温の変化は，$(5.4 + 1.8)\,(℃) \times \frac{10\,(分)}{3\,(分)} = 24\,(℃)$

3．運動・エネルギー　(P. 25〜29)

〈解答〉

1 (1) 0.1(秒)　(2) 60(cm/秒)
(3) 重力・垂直抗力　(4) 慣性　(5) イ　(6) エ
(7) 斜面に下向きの力が大きくなるから(または，加速度が大きくなるから)

2 (1)(次図)　(2) ① イ　② 14(cm/s)　(3) オ

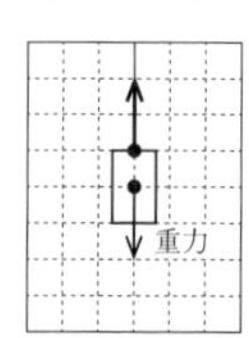

3 (1) 20(N)　(2) オ　(3) ウ　(4) 60(J)
(5) 10(N)　(6) 5.0(W)

4 (1) 1(m)　(2) 100(N)
(3)(仕事) 100(J)　(仕事率) 20(W)
(4) ① ア　② 2(m)

5 (1) イ　(2) ① ウ　② カ

6 (1) ウ　(2) オ　(3) 5(倍)　(4) 8(cm)

7 (1)(例) ② 電池　③ 石油ストーブ　④ 光合成
(2) エネルギー保存の法則

1 (1) 1秒間に60回打点するので，6打点するのにかかる時間は，$1\,(秒) \times \frac{6\,(回)}{60\,(回)} = 0.1\,(秒)$

(2) 図2の②の区間ではテープの長さが6.0cmなので，台車の平均の速さは，$\frac{6.0\,(\mathrm{cm})}{0.1\,(秒)} = 60\,(\mathrm{cm}/秒)$

(5) スタート時は台車を静かにはなすので速さは0。斜面上では時間に比例して速さは増加していくが，水平面に到達すると等速直線運動をするので，速さは一定になる。

(6) 斜面上では速さがだんだん速くなり，時間当たりの移動距離が大きくなっていくが，水平面に到達すると速さは一定になるので，移動距離は時間に比例する。

2 (1) おもりにはたらく重力とつり合っている力は，糸がおもりを引く力。つり合っている二つの力は，力の大きさが等しく，力の向きは逆で，同一直線上にある。

(2) ① 1秒間に50回打点する記録タイマーなので，0.1秒間に打点する回数は，$50\,(回) \times 0.1\,(秒) = 5$

(回)　0.1秒の区間を切り取るには，基準点から5打点目で切り取る。② 図2より，区間Cのテープの長さは3.9cmなので，区間Cの台車の平均の速さは，$\frac{3.9\,(\mathrm{cm})}{0.1\,(\mathrm{s})} = 39\,(\mathrm{cm/s})$　区間Dのテープの長さは5.3cmなので，区間Dの台車の平均の速さは，$\frac{5.3\,(\mathrm{cm})}{0.1\,(\mathrm{s})} = 53\,(\mathrm{cm/s})$　変化した速さは，53 (cm/s) − 39 (cm/s) = 14 (cm/s)

(3) 図3より，区間L・M・Nのテープの長さは等しいので，おもりが床についた後の台車の運動を記録している。よって，おもりが床についたのは区間K。

3 (1) 定滑車にひもをかけて物体を引き上げるのに必要な力は，物体にはたらく重力の大きさに等しい。物体にはたらく重力に大きさは，2.0kg = 2000g より，$1.0\,(\mathrm{N}) \times \frac{2000\,(\mathrm{g})}{100\,(\mathrm{g})} = 20\,(\mathrm{N})$

(3) 動滑車を使って物体を引き上げるとき，2本の糸で物体を引き上げることになるので，必要な力の大きさは直接引き上げるときの半分になるが，ひもを引く距離は2倍になる。このとき，仕事の大きさは変わらない。

(4) (1)より，物体にはたらく重力の大きさは20Nなので，3.0mの高さまで引き上げたとき人が物体にした仕事は，20 (N) × 3.0 (m) = 60 (J)

(5) (4)と同じ物体を同じ高さまで引き上げるので，仕事の量は変わらない。よって，図4の人がひもを引く力の大きさは，$\frac{60\,(\mathrm{J})}{6.0\,(\mathrm{m})} = 10\,(\mathrm{N})$

(6) 1秒間で0.50m引き上げられるので，6.0m引き上げるには，$1\,(秒) \times \frac{6.0\,(\mathrm{m})}{0.50\,(\mathrm{m})} = 12\,(秒)$かかる。このとき人が物体にした仕事は60Jなので，仕事率は，$\frac{60\,(\mathrm{J})}{12\,(秒)} = 5.0\,(\mathrm{W})$

4 (1) 図1より，定滑車を用いているので，ひもを引く長さは物体を引き上げる高さと同じ。

(2) 10kg = 10000g より，$1\,(\mathrm{N}) \times \frac{10000\,(\mathrm{g})}{100\,(\mathrm{g})} = 100\,(\mathrm{N})$

(3) (1)・(2)より，ひもを引く力は100N，ひもを引く長さは1mなので，仕事は，100 (N) × 1 (m) = 100 (J)　仕事率は，$\frac{100\,(\mathrm{J})}{5\,(\mathrm{s})} = 20\,(\mathrm{W})$

(4) 動滑車を用いているので，ひもを引く力は半分になり，ひもを引く長さは2倍になる。よって，ひもを引く長さは，1 (m) × 2 = 2 (m)

5 (1) くぎに引っかかっても，ふりこはA点と同じ高さまで振れて，位置エネルギーは最大になる。

(2) 力学的エネルギーは運動エネルギーと位置エネルギーの和で，摩擦などがなければ一定に保たれる。

6 (1) 運動エネルギーが最大になるのは，おもりの速さが最大になるウの位置。

(2) 位置エネルギーは基準面からの高さに比例するので，アのおもりがもつ位置エネルギーと同じになるのは，アと同じ高さであるオの位置。

(3) 力学的エネルギーは運動エネルギーと位置エネルギーの和なので，おもりがもつ位置エネルギーが，力学的エネルギーの$\frac{1}{6}$になるとき，おもりがもつ運動エネルギーは，力学エネルギーの，$1 - \frac{1}{6} = \frac{5}{6}$になる。よって，$\frac{5}{6} \div \frac{1}{6} = 5\,(倍)$

(4) 力学的エネルギーは保存されるので，おもりは持ち上げてはなした高さと同じ高さまで上がる。

4．物質どうしの化学変化 (P. 32～35)

〈解答〉

1 (1) (気体) 二酸化炭素　(液体) 水
(2) 炭酸ナトリウム　(3) 青(色から)赤(色)
(4) 生じた液体が加熱している部分にふれて試験管がわれるのを防ぐため
(5) 逆流を防ぐため　(6) 石灰水を入れる

2 (1) 化合物　(2) 水上置換法
(3) はじめに出てきた気体は試験管に元々入っていた空気を多く含むから。
(4) ア　(5) 黒(色から)白(または，銀)(色)

3 (1) $2H_2O \rightarrow 2H_2 + O_2$　(2) ア　(3) エ
(4) 10 (cm^3)

4 (1) 電気分解　(2) ア　(3) イ

5 (1) (溶質) $CuCl_2$　(溶媒) H_2O　(2) 50 (g)
(3) イ　(4) オ　(5) $CuCl_2 \rightarrow Cu + Cl_2$

6 (1) ア　(2) $Fe + S \rightarrow FeS$　(3) 0.6 (g)

1 (6) 石灰水を加えてふりまぜると白くにごるので，二酸化炭素が生じたことがわかる。

2 (2) 酸化銀を加熱すると，銀と酸素に分解する。酸素は水に溶けにくいので，水上置換法で集める。

(4) イ．二酸化炭素を確かめる方法。ウ．二酸化炭素のように，ものを燃やすはたらきがなく，自身も燃えない気体を集めた試験管の中にろうそくを入れると，酸素不足のためにろうそくの火が消える。エ．水素を確かめる方法。

3 (2) 純粋な水は電気をほとんど通さないので，水酸化ナトリウムを溶かして水に電流を流しやすくする。

(3) 水を電気分解すると気体が発生し，容器内の圧力が高くなるので，容器内の圧力を下げるためにピンチコックを開いておく。

(4) 水の電気分解では，陰極側に水素，陽極側に酸素が発生し，体積の比は，水素：酸素＝ 2：1　陰極側にたまった水素の体積が $20cm^3$ なので，陽極に発生した酸素の体積は，$20\ (cm^3) \times \frac{1}{2} = 10\ (cm^3)$

4 (2)・(3) うすい水酸化ナトリウム水溶液に電流を流すと，水が電気分解されて，陽極側から酸素，陰極側から水素が 1：2 の体積比で発生する。

5 (1) 水溶液で，溶質は溶けている物質，溶媒は溶かしている液体のこと。塩化銅は $CuCl_2$，水は H_2O。

(2) $500\ (g) \times \frac{10}{100} = 50\ (g)$

(3) 酸化銀を熱すると，銀と酸素に分かれる。

(4) 塩化銅を電気分解すると，陰極には銅が付着し，陽極では塩素が発生する。塩素は水に溶けやすく，空気より重い刺激臭のある気体で，殺菌作用や漂白作用がある。

6 (1)【実験 1】より，試験管 B に残った黒い物質は硫化鉄。硫化鉄は磁石に引き付けられない。【実験 3】より，試験管 A はうすい塩酸と鉄が反応して水素が発生し，試験管 B はうすい塩酸と硫化鉄が反応して硫化水素が発生する。

(2) 鉄＋硫黄→硫化鉄

(3) 鉄と結びついた硫黄の質量は，$4.2\ (g) \times \frac{4}{7} = 2.4\ (g)$　試験管 B に残った硫黄は，$3.0\ (g) - 2.4\ (g) = 0.6\ (g)$

5．酸素が関わる化学変化 (P. 38～43)

〈解答〉

1 (1) D　(2) 50 (%)　(3) 0.6 (g)

2 (1) 酸化　(2) $2Cu + O_2 \rightarrow 2CuO$　(3) ア・エ　(4) 単体　(5) 4：1　(6) 0.30 (g)　(7) 0.60 (g)

3 (1) イ　(2) ① 0.75　② 1.00　(3) 3.00 (g)　(4) エ　(5) 1.5 (g)

4 (1) (記号) ア・エ・カ　(化学式) CuO　(2) MgO　(3) 25 (g)

5 (1) $2Mg + O_2 \rightarrow 2MgO$　(2) エ　(3) オ　(4) オ　(5) イ

6 (1) 比例　(2) (マグネシウム：酸素＝) 3：2　(3) 0.20 (g)　(4) 10 (個)

7 (1) 還元　(2) $2CuO + C \rightarrow 2Cu + CO_2$　(3) ① ア　② エ　(4) イ・エ　(5) 1.65 (g)　(6) (次図)　(7) 10 (g)

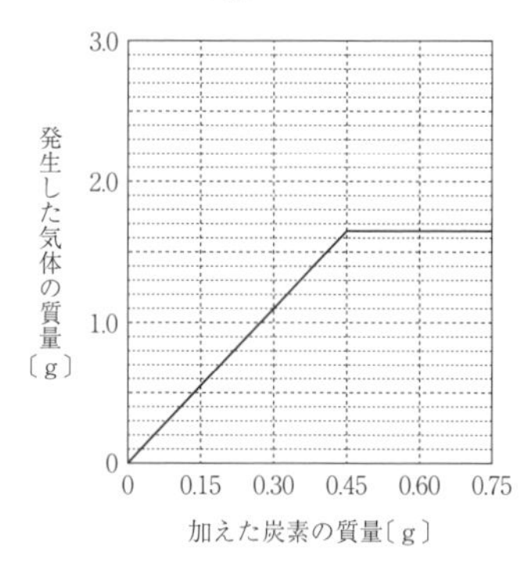

8 (1) 還元　(2) 酸化　(3) 酸素と結びつきやすい性質があるため。　(4) ウ・エ・オ　(5) (銅：酸素＝) 4：1　(6) 4.4 (g)

1 (1) 銅粉末の質量と，銅粉末を十分に加熱した後の物質の質量の比は一定になる。A は，1.40 (g)：1.75 (g)＝ 4：5　B は，0.80 (g)：1.00 (g)＝ 4：5　C は，0.40 (g)：0.50 (g)＝ 4：5　D は，1.20 (g)：1.35 (g)＝ 8：9　E は，1.00 (g)：1.25 (g)＝ 4：5　よって，銅粉末が十分に酸化されなかった班は D。

(2) 銅と，銅と結びつく酸素と，酸化銅の質量の比は，4：(5 − 4)：5 ＝ 4：1：5　D において，銅と結びついた酸素の質量は，1.35 (g) − 1.20 (g) ＝ 0.15 (g)　酸素 0.15g と結びつく銅粉末の質量は，0.15

(g)× $\frac{4}{1}$ = 0.60 (g)　よって，酸化された銅粉末の割合は，$\frac{0.60 (g)}{1.20 (g)}$ × 100 = 50 (%)

(3) 3.0g の酸化銅を得るとき，銅と結びつく酸素の質量は，3.0 (g)× $\frac{1}{5}$ = 0.6 (g)

2 (2) 銅＋酸素→酸化銅

(3) アは二酸化炭素の固体，エは水の固体であり，どちらも分子からできている。

(5) 表より，銅の質量が 0.80g のとき，酸化銅の質量は 1.00g。質量保存の法則より，結びついた酸素の質量は，1.00 (g) − 0.80 (g) = 0.20 (g)　銅の質量：酸素の質量 = 0.80 (g)：0.20 (g) = 4：1

(6) (5)より，銅の質量：酸素の質量 = 4：1 なので，1.50 (g)× $\frac{1}{4+1}$ = 0.30 (g)

(7) 結びついた酸素の質量は，2.35 (g) − 2.00 (g) = 0.35 (g)　酸素と結びついた銅の質量は，0.35 (g) × $\frac{4}{1}$ = 1.40 (g)　よって，酸素と結びつかなかった銅の質量は，2.00 (g) − 1.40 (g) = 0.60 (g)

3 (2) 表より，銅の粉末の質量が 0.20g のとき，加熱した後に得られた酸化銅の質量は 0.25g なので，銅の粉末の質量が 0.60g のとき，加熱した後に得られた酸化銅の質量は，0.25 (g)× $\frac{0.60 (g)}{0.20 (g)}$ = 0.75 (g)　また，銅の粉末の質量が 0.80g のとき，加熱した後に得られた酸化銅の質量は，0.25 (g)× $\frac{0.80 (g)}{0.20 (g)}$ = 1.00 (g)

(3) 銅の粉末の質量が 0.20g のとき，加熱した後に得られた酸化銅の質量は 0.25g なので，酸化銅 3.75g をつくるために必要な銅の粉末の質量は，0.20 (g) × $\frac{3.75 (g)}{0.25 (g)}$ = 3.00 (g)

(4) 銅の粉末の質量が 0.20g のとき，加熱した後に得られた酸化銅の質量は 0.25g なので，銅の粉末 0.20g と結びついた酸素の質量は，0.25 (g) − 0.20 (g) = 0.05 (g)　よって，銅と酸素が結びつくときの質量の比率は，銅：酸素 = 0.20 (g)：0.05 (g) = 4：1

(5) 銅の粉末 5.5g を加熱したとき，加熱後の質量が 6.5g になったので，銅の粉末と結びついた酸素の質量は，6.5 (g) − 5.5 (g) = 1.0 (g)　(4)より，1.0 (g)の酸素と結びつく銅の質量は，1.0 (g)× $\frac{4}{1}$ = 4.0 (g)　よって，酸素と反応せずに残った銅の質量は，5.5 (g) − 4.0 (g) = 1.5 (g)

4 (1) 銅の粉末を十分加熱すると酸化銅ができる。

(2) マグネシウムを十分加熱すると酸化マグネシウムができる。

(3) グラフより，銅 0.8g を十分加熱すると酸化銅 1.0g ができたので，銅 12g を十分加熱してできる酸化銅は，12 (g)× $\frac{1.0 (g)}{0.8 (g)}$ = 15 (g)　また，グラフより，マグネシウム 0.6g を十分加熱すると酸化マグネシウム 1.0g ができたので，マグネシウム 6g を十分加熱してできる酸化マグネシウムは，6 (g)× $\frac{1.0 (g)}{0.6 (g)}$ = 10 (g)　よって，15 (g) + 10 (g) = 25 (g)の化合物ができる。

5 (1) マグネシウムは Mg，酸素は O_2，酸化マグネシウムは MgO。両辺でそれぞれの原子の個数が等しくなるよう，係数をつけて整える。

(2) グラフで，マグネシウム 1.2g から酸化マグネシウム 2.0g が生じたので，1.2 (g)：2.0 (g) = 3：5

(3) グラフで，銅 0.8g から酸化銅 1.0g が生じたので，このとき結合した酸素の質量は，1.0 (g) − 0.8 (g) = 0.2 (g)　よって，銅と酸素が結びつく質量比は，0.8 (g)：0.2 (g) = 4：1 より，銅 4.0g と結びつく酸素は，4.0 (g)× $\frac{1}{4}$ = 1.0 (g)

(4) 加熱後に結合した酸素の質量は，3.5 (g) − 3.0 (g) = 0.5 (g)　0.5g の酸素と結合する銅の質量は，0.5 (g)× $\frac{4}{1}$ = 2.0 (g)　よって，未反応の銅の質量は，3.0 (g) − 2.0 (g) = 1.0 (g)

(5) 銅と結合した酸素の質量は，2.4 (g) − 2.0 (g) = 0.4 (g)　0.4g の酸素と結びつく銅の質量は，0.4 (g)× $\frac{4}{1}$ = 1.6 (g)　よって，砂の質量は，2.0 (g) − 1.6 (g) = 0.4 (g)

6 (1) マグネシウムの質量が 0.60g のときに結びついた酸素は，34.00 (g) − 33.60 (g) = 0.40 (g)　また，マグネシウムの質量が 1.20g のときに結びついた酸素は，34.99 (g) − 34.20 (g) ≒ 0.8 (g)　これより，マグネシウムの質量が2倍になると結びついた酸素の質量も2倍とわかる。

⑵ マグネシウム：酸素＝0.6（g）：0.4（g）＝3：2

⑶ 1.50gのマグネシウムに酸素が結びついてできた酸化マグネシウムは，1.50（g）× $\frac{2+3}{3}$ ＝2.5（g）　加熱後の混合物中の酸化銅は，2.75（g）−2.5（g）＝0.25（g）　よって，加熱前の銅の質量は，0.25（g）× $\frac{4}{4+1}$ ＝0.20（g）

⑷ マグネシウム2個と酸素分子1個が結びつくので，マグネシウム20個と結びつく酸素分子は，1（個）× $\frac{20（個）}{2（個）}$ ＝10（個）

7 ⑴・⑵ 酸化銅が炭素によって還元されて銅ができ，炭素は酸素と結びついて二酸化炭素ができる。

⑷ 酸化銅と炭素が過不足なく反応したときに試験管に残っている固体は銅。銅は赤色をしており，磁石にはつかない。

⑸ 酸化銅と炭素の合計の質量は，6.0（g）＋0.45（g）＝6.45（g）　加熱後に試験管に残っている銅の質量は4.8gなので，発生した二酸化炭素の質量は，6.45（g）−4.8（g）＝1.65（g）

⑹ 加えた炭素の質量が0gのとき，発生した二酸化炭素の質量も0g。0.45gの炭素を加えたとき，発生する二酸化炭素の質量は1.65g。炭素を0.45gより多く加えても，酸化銅がなくなっているので，発生する二酸化炭素の質量は1.65gより増えない。

⑺ 炭素0.45gと酸化銅6.0gが過不足なく反応するので，炭素1.2gと過不足なく反応する酸化銅の質量は，6.0（g）× $\frac{1.2（g）}{0.45（g）}$ ＝16（g）　よって，さらに加える必要のある酸化銅の質量は，16（g）−6.0（g）＝10（g）

8 ⑷ 酸化銅を水素の中で加熱すると，酸化銅に含まれる酸素と水素が結びついて水ができる。また，エタノール，砂糖には炭素や水素が含まれているので，酸化銅をエタノールや砂糖と混ぜ合わせて加熱すると，酸化銅に含まれる酸素と炭素が結びついて二酸化炭素ができ，酸素と水素が結びついて水ができる。

⑸ 銅粉4.0gと酸素1.0gが結びつくので，酸化銅に含まれる銅と酸素の質量の比は，4.0（g）：1.0（g）＝4：1　酸化銅は銅原子と酸素原子が1：1の割合で結びついた物質なので，銅原子1個と酸素原子1個の質量の比は4：1。

⑹ 反応前の物質の質量の合計は，16.0（g）＋1.2（g）＝17.2（g）　質量保存の法則より，反応後の物質の質量の合計も17.2gなので，発生した二酸化炭素の質量は，17.2（g）−12.8（g）＝4.4（g）

6．酸・アルカリ　（P．46～51）

〈解答〉

1 ⑴ 硫酸バリウム　⑵ イ　⑶ 2.8（cm^3）
⑷ ア　⑸ ① エ　② $H^+ + OH^- \rightarrow H_2O$

2 ⑴ ① 青（色）　② 陰（極側）
⑵ 電離によって生じた水素イオンによって赤色のしみができ，水素イオンは陽イオンであるため，陰極側に移動するから。
⑶ 赤色，陽極側

3 ⑴ 青　⑵ イ
⑶ $NaOH + HCl \rightarrow NaCl + H_2O$
⑷ オ　⑸（X：Y＝）3：5　⑹ 24（cm^3）
⑺ 126（cm^3）

4 ⑴ ア　⑵ 塩　⑶ エ　⑷ イ

5 ⑴ マグネシウム→亜鉛→銅
⑵ マグネシウムがマグネシウムイオンとなるときに放出した電子を，亜鉛イオンが受け取り亜鉛となる。（同意可）
⑶ ① ア　② ウ　⑷ ウ　⑸ ① ア　② エ

6 ⑴（＋極）$Cu^{2+} + 2e^- \rightarrow Cu$　（−極）$Zn \rightarrow Zn^{2+} + 2e^-$
⑵ Y　⑶ イ　⑷ ① 19.01　② 20.64
⑸ ① 一次　② 二次（または，蓄）

1 ⑴ $H_2SO_4 + Ba(OH)_2 \rightarrow BaSO_4 + 2H_2O$

⑵ BTB溶液は，酸性で黄色，中性で緑色，アルカリ性で青色を示す。

⑶ うすい塩酸15.0cm^3とうすい水酸化ナトリウム水溶液21.0cm^3が過不足なく中和した。中和に必要な酸の水溶液とアルカリの水溶液の体積は比例するので，2.0（cm^3）× $\frac{21.0（cm^3）}{15.0（cm^3）}$ ＝2.8（cm^3）

⑷ $HCl + NaOH \rightarrow NaCl + H_2O$ より，塩化ナトリウムが生じる。

(5) ① 酸の水溶液のH^+は陽イオン，アルカリの水溶液のOH^-は陰イオンなので，残りの酸の陰イオンとアルカリの陽イオンが結びついて塩ができる。

2 (1) ① 酸性の塩酸は，青色のリトマス紙を赤色に変化させる。② 酸性を示す水素イオンは陽イオンなので，陰極側に移動する。

(3) A 液 5 mL と B 液 10mL で中性になる。A 液 5 mL に B 液を 15mL 加えると B 液が過剰になるので，混合した溶液はアルカリ性。アルカリ性を示す水酸化物イオンは陽極に引き寄せられ，赤色のリトマス紙を青色に変化させる。

3 (1) 塩酸を $60cm^3$ 加えたときに中性になるので，加える塩酸が $60cm^3$ 未満のときはアルカリ性。

(2) 水酸化ナトリウム水溶液と塩酸を混ぜると，中和によって熱が発生する。生じる食塩は水にとけている。

(4) 水酸化ナトリウムから生じた水酸化物イオンは，塩酸から生じた水素イオンと結びついて水になるので減り続ける。水酸化物イオンは混合液が中性のときに 0 になり，増加することはない。

(5) 塩酸を $60cm^3$ 加えたときに中性になることから，このとき水酸化物イオンの個数 X と水素イオンの個数 Y が等しい。$X = \frac{60\ (cm^3)}{100\ (cm^3)} \times Y$ より，$5X = 3Y$　よって，X : Y = 3 : 5

(6) 混合液中の水酸化物イオンと水素イオンの個数が等しいときに中性になる。$120cm^3$ の A を中和するのに必要な実験で用いた塩酸の体積は，$60\ (cm^3) \times \frac{120\ (cm^3)}{100\ (cm^3)} = 72\ (cm^3)$　また，同じ体積で比べたとき，B には実験で用いた塩酸の 3 倍の水素イオンが含まれているので，必要な B の体積は，$72\ (cm^3) \times \frac{1}{3} = 24\ (cm^3)$

(7) 0.7 %の水酸化ナトリウム水溶液に含まれる水酸化物イオンの個数は，同じ体積の 0.5 %の水酸化ナトリウム水溶液の $\frac{0.7}{0.5}$ 倍。よって，$150cm^3$ の水酸化ナトリウム水溶液を完全に中和するのに必要な塩酸の体積は，$60\ (cm^3) \times \frac{150\ (cm^3)}{100\ (cm^3)} \times \frac{0.7}{0.5} = 126\ (cm^3)$

4 (1) レモン汁は酸性なので，pH は 7 より小さい。せっけん水はアルカリ性なので，赤色リトマス紙が青色に変化し，酢は酸性なので，pH 試験紙を赤色に変える。石灰水は水酸化カルシウムが水に溶けたものなので，水溶液中にカルシウムイオンと水酸化物イオンが存在し，電気を通す。

(2) 酸＋アルカリ→塩＋水という反応が起こり，酸の陽イオン（H^+）とアルカリの陰イオン（OH^-）が結びついてできるのが水，酸の陰イオンとアルカリの陽イオンが結びついてできる物質が塩。

(3) うすい塩酸には水素イオン（H^+）と塩化物イオン（Cl^-）が存在し，水酸化ナトリウム水溶液にはナトリウムイオン（Na^+）と水酸化物イオン（OH^-）が存在する。うすい塩酸にうすい水酸化ナトリウム水溶液を加えると，水素イオンと水酸化物イオンは結びつくが，水溶液中ではナトリウムイオンと塩化物イオンは結びつかないので，完全に中和されるまで試験管内の陰イオン（塩化物イオン）の数は一定で変化しない。完全に中和された後は，加える水酸化ナトリウム水溶液の体積が多くなるほど，水酸化物イオンの数も多くなっていくので，試験管内の陰イオンの数も増えていく。

(4) 実験Ⅱで発生する気体は水素。アでは硫化水素，ウでは酸素，エでは塩素が発生する。

5 (1) 表 1 で，硫酸亜鉛水溶液とマグネシウムの組み合わせでは金属が付着している。これは，マグネシウムがマグネシウムイオンとなって放出した電子を，水溶液中の亜鉛イオンが受け取って亜鉛になり，付着したもの。これより，マグネシウムと亜鉛では，マグネシウムの方がイオンになりやすいと分かる。同様に，硫酸銅水溶液と亜鉛の組み合わせから，亜鉛と銅では，亜鉛の方がイオンになりやすいと分かる。

(3) 亜鉛板が溶け出すと，電子が導線を通じて銅板に流れ込む。電子を放出する方が−極。電流が流れる向きは電子の流れる向きと逆。

(4) ア．セロハンにはイオンが通ることができるほどの小さな穴があいている。ガラス板で仕切ると，イオンの移動は起こらない。イ．セロハンがなければ，亜鉛板に銅が付着する。ウ・エ．−極側はZn^{2+}が増加して＋に帯電する。＋極側はCu^{2+}が減少して$SO_4{}^{2-}$が多い状態になり−に帯電する。電気的バランスをとるようにZn^{2+}が＋極側に，$SO_4{}^{2-}$が−極側にセロハンを通って移動する。

(5) 亜鉛とマグネシウムでは，マグネシウムの方がイオンになりやすいので，マグネシウムがMg^{2+}になり，放出された電子は導線を通じて亜鉛板に流れ込む。硫酸亜鉛水溶液中のZn^{2+}が電子を受け取り，亜鉛板に付着する。

6 (1)・(2) 亜鉛板 Zn が亜鉛イオンZn^{2+}となって硫酸亜鉛水溶液に溶け出し，このときに放出された 2 個の電子$2e^-$が X の向きに移動する。この 2 個の電子$2e^-$を硫酸銅水溶液中の銅イオンCu^{2+}が受け取って銅原子 Cu となり，銅板に付着する。電流の向きは，電子の移動する向きの反対になる。

(3) 亜鉛板と銅板のクリップを入れかえると，光電池用モーターに流れる電流の向きが反対になるので，プロペラの回転する向きは逆になる。

(4) ① 生じた電気量が965C のときに減少する亜鉛板の質量は，$20.00\,(g) - 19.67\,(g) = 0.33\,(g)$ 生じた電気量が 2895C のときに減少する亜鉛板の質量は，$0.33\,(g) \times \dfrac{2895\,(C)}{965\,(C)} = 0.99\,(g)$ このときの亜鉛板の質量は，$20.00\,(g) - 0.99\,(g) = 19.01\,(g)$ ② 生じた電気量が 965C のときに増加する銅板の質量は，$20.32\,(g) - 20.00\,(g) = 0.32\,(g)$ 生じた電気量が 1930C のときに増加する銅板の質量は，$0.32\,(g) \times \dfrac{1930\,(C)}{965\,(C)} = 0.64\,(g)$ このときの銅板の質量は，$20.00\,(g) + 0.64\,(g) = 20.64\,(g)$

7．からだのはたらき (P. 54～57)

〈解答〉

1 (1) イ (2) (試験管) ② (色) ウ
(3) (試験管) ③ (色) エ (4) アミラーゼ
(5) (記号) D (消化酵素) ペプシン
(6) ① ウ ② イ ③ エ

2 (1) ア (2) エ (3) オ
(4) (薬品・反応の順に) (デンプン) イ・ケ (麦芽糖) エ・コ

3 (1) ウ (2) オ
(3) ① 肺動脈 ② 大静脈 ③ 動脈血 ④ 静脈血
(4) ① f ② g ③ b (5) イ
(6) 血液の逆流を防ぐ

4 (1) ① 肺胞 ② 肺動脈
(2) (名称) 肝臓 (有機物) イ
(3) (名称) 柔毛(または，柔突起) (栄養分) ア・ウ
(4) (名称) じん臓 (個数) 2 (個)
(5) (物質①) イ (物質②) ウ

1 (1) ヒトの消化酵素はヒトの体温くらいの温度でよくはたらく。

(2) デンプンにヨウ素液を加えると青紫色になる。試験管①では，だ液に含まれる消化酵素のはたらきでデンプンがなくなっているので，ヨウ素液の色は変化しない。試験管②では，デンプンがそのまま残っているので，青紫色になる。

(3) デンプンが分解されてできる糖にベネジクト液を入れて加熱すると赤かっ色の沈殿ができる。試験管③では，デンプンが分解されて糖ができているので，沈殿ができる。試験管④では，デンプンがそのまま残っているので，沈殿ができない。

(5)・(6) 図 2 の A は肝臓，B は胆のう，C は大腸，E はすい臓，F は小腸。

2 (1) リパーゼはすい液に含まれ，脂肪を分解する。ペプシンは胃液に含まれ，タンパク質を分解する。

(2) デンプンは分解されてブドウ糖になり，毛細血管に入る。脂肪は分解されて脂肪酸とモノグリセリドになり，リンパ管に入る。

3 (1) 血液が戻ってくるところが心房，血液を送り出すところが心室。心房や心室は筋肉でできており，

ゆるむと広がって血液が流れ込み，縮むと血液が流れ出る。

(2) 図中のAは循環経路が独立している肺，Cを通過した血液がfを通ってBに入るので，Bは肝臓，Cは小腸，残ったDはじん臓。ア．ペプシンや塩酸を含んだ胃液を分泌するのは胃。イ．消化できるすべてのものは小腸でほぼ完全に消化される。ウ．肝臓でつくられた胆汁は胆のうにたくわえられる。エ．じん臓のはたらき。オ．肝臓のはたらき。カ．トリプシンやリパーゼを含んだすい液をつくるのはすい臓。

(3) 血液が流れる順は，大静脈→右心房→右心室→肺動脈→肺→肺静脈→左心房→左心室→大動脈。

(4) ① ブドウ糖とアミノ酸は小腸の柔毛の毛細血管から吸収され，肝臓に運ばれるので，小腸と肝臓をつなぐ血管。② 尿素などの不要物はじん臓でこし取られて排出されるので，じん臓のあとの血管。③ 肺で酸素をとり入れた血液が心臓に戻る血管。

(5) 動脈は心臓から強い圧力を受けて送り出された血液が流れているので，血液の逆流は起こりにくい。よって，動脈には弁はない。

4 (1) ① 器官Aは肺。② 血管aは心臓から肺へ血液を送る血管。

(2) タンパク質はアミノ酸に分解される。アミノ酸には窒素が含まれているので，分解されると，水と二酸化炭素以外にアンモニアもできる。

(3) イ・エは，柔毛の表面から吸収された後，再び脂肪となってリンパ管に入る。

(5) 肺では酸素が血液中にとりこまれて全身に運ばれ，細胞呼吸に使われるので，器官Aで増え，器官B・Dで減少する物質①は酸素と考えられる。肝臓でアンモニアが害の少ない尿素に変えられ，じん臓で尿素などの不要な物質は血液中からこしとられるので，器官Aでは変化がなく，器官Bで増え，器官Dで減少する物質②は尿素と考えられる。

8．細胞・生殖・遺伝 (P. 60〜65)

〈解答〉

1 (1) (記号・名称の順に) a. C・核　b. B・葉緑体　c. D・細胞壁

(2) A・B・D　(3) B

(4) ((①→)⑤→④→②→③(→⑥)　(5) 染色体

(6) エ　(7) イ

2 (1) ① ウ　② イ

(2) (A →) B → F → D → E → C

3 (1) ① 精巣　② 減数分裂　③ A. ア　C. イ　D. イ　④ (2番目) イ　(4番目) ウ　⑤ 発生

(2) ① ウ・エ　② ウ

4 (1) D　(2) 花粉管　(3) 受粉　(4) 被子植物

(5) 受精　(6) 減数分裂　(7) 胚

5 (1) 栄養生殖

(2) 子が親と全く同じ遺伝子を受けつぐから。(同意可)

6 (1) 対立形質

(2) それぞれ別の生殖細胞に入り受精する (同意可)

(3) A・C　(4) (丸形：しわ形＝) 1：1

(5) F・H

7 (1) 顕性(または，優性)　(2) ア　(3) ウ

(4) 黄色：緑色 = 1：1

1 (1) 図1より，Aは液胞，Eは細胞膜。

(2) 植物細胞だけにみられるつくりは，液胞，葉緑体，細胞壁。

(3) 根の細胞では見ることができないつくりは葉緑体。

(4)・(5) 図2より，細胞分裂が行われる順は，染色体が現れる→染色体が中央に並ぶ→染色体が両端に分かれる→しきりができ始める。

(6) 細胞数と細胞分裂の各段階の時間は比例するので，表より，$22\,(\text{時間}) \times \dfrac{600\,(\text{個})}{(600 + 7 + 9 + 9 + 35)\,(\text{個})}$

$= 20\,(\text{時間})$

(7) $22\,(\text{時間}) \times \dfrac{7\,(\text{個})}{(600 + 7 + 9 + 9 + 35)\,(\text{個})} = \dfrac{7}{30}$ (時間)より，14分。

2 (2) 分裂前に核の中の染色体が複製されて2倍になり (A)，染色体が現れ (B)，中央に並び，それぞれが縦に分かれる (F)。分かれた染色体が細胞の両端

に移動し（D），染色体が見えなくなり，細胞の間にしきりができ（E），2個の細胞になる（C）。

3 (1) ③ 減数分裂によって卵の染色体数は半分になり，染色体数が半分の精子と受精することで染色体数は通常の数になる。その後は体細胞分裂を繰り返すので，細胞ごとの染色体数は変わらない。④ 受精卵は細胞分裂を繰り返して細胞の数を増やし，複雑な組織や器官がつくられていくので，エ→イ→ア→ウ→オの順に変化する。

(2) ① Aから白，Bから白を受け継ぐ場合と，Aから白，Bから黒を受け継ぐ場合がある。② 無性生殖でふえるとき，遺伝子はAと同じになる。

4 (1) Aは柱頭，Cは精細胞，Dはやく，Eは子房，Fは卵細胞，Gは花弁，Hは胚珠，Iはがく。花粉は，おしべの先端にあるやくでつくられる。

6 (3) 種子の形を丸形にする遺伝子をP，しわ形にする遺伝子をpとする。親の遺伝子の組み合わせがPPのとき，子の遺伝子の組み合わせもPPとなり，すべて丸形の種子になる。親の遺伝子がPpのとき，子の遺伝子の組み合わせはPP，Pp，ppとなり，このうち，丸形の種子はPP，Pp，しわ形の種子はppとなる。親の遺伝子の組み合わせがppのとき，子の遺伝子の組み合わせもppとなり，すべてしわ形の種子になる。よって，親の種子が持つ遺伝子は，AはPP，BはPp，Cはppとなり，親の種子が必ず純系であるといえるのはA・C。

(4) Gで，孫の種子が丸形としわ形になるとき，子の丸形の遺伝子の組み合わせはPp，しわ形の遺伝子の組み合わせはppになる。Ppとppをかけ合わせてできる孫の遺伝子の組み合わせはPp，Pp，pp，ppで，その数の比は，Pp：pp = 2：2 = 1：1　よって，丸形としわ形の数の比は1：1。

(5) Dで，孫の種子が丸形のみになるとき，親の遺伝子の組み合わせはPPとPP，またはPPとPpなので，両方とも純系であるとはいえない。Eで，孫の種子が丸形としわ形になるとき，親の遺伝子の組み合わせはPpとPpなので，両方とも純系であるとはいえない。Fで，孫の種子が丸形のみになるとき，親の遺伝子の組み合わせはPPとppなので，両方とも純系である。Gで，孫の種子が丸形としわ形になるとき，(4)より，親の遺伝子の組み合わせはPpとppなので，両方とも純系であるとはいえない。Hで，孫の種子がしわ形のみになるとき，親の遺伝子の組み合わせはppとppなので，両方とも純系である。

7 (1) 対立形質をもつ純系どうしをかけ合わせたとき，子には顕性の形質のみが現れる。

(2) 子の代がAA，Aa，Aa，aaとなるようなとき，親はAaどうしのかけ合わせとなる。よって，親Qの遺伝子の組み合わせはAaとなる。卵細胞や精細胞をつくるときは減数分裂が起こり，2本ずつ対になっている染色体が1本ずつ分かれて別々の細胞に入る。

(3) 子の代で得られた種子数は，「黄色」が601個。このうち，Aaの組み合わせをもつ種子は，AA：Aa = 1：2より，601（個）× $\frac{2}{1+2}$ ≒ 401（個）

(4)「緑色」はaa。Aaとaaのかけ合わせによりできる子の遺伝子の組み合わせは，Aa，Aa，aa，aa。よって，Aa：aa = 1：1

9．地　　層 (P. 68〜73)

〈解答〉

1 (1) ウ　(2) ① ア　② エ　③ オ
(3) 押し出した混合物が固まった後，複数回同じ操作を行う。

2 (1) A. 等粒状組織　B. 斑状組織
(2) X. 斑晶　Y. 石基　(3) エ
(4) A. エ　B. イ　(5) A. ウ　B. イ

3 (1) しゅう曲　(2) ウ
(3) うすい塩酸をかけて気体が発生することを確認する。（同意可）
(4) 示準（化石）　(5) イ

4 (1) ① 小さい　② 遠い　③ E　(2) エ
(3) ① 示準化石　② ウ　(4) ア

5 (1) エ　(2) ウ　(3) c　(4) 3（m）
(5) イ→ウ→ア→エ

6 (1) 柱状図　(2)（時代）ウ　（化石）示準化石
(3) b，c，a　(4) 4（回）　(5) 南

1 (1) エタノールの比率を減らし，小麦粉の比率を増やすと，混合物の粘りけが大きくなり，もり上がった形になる。

(2) 粘りけの小さいマグマが固まってできた玄武岩は

有色鉱物の割合が大きく，黒っぽい色をしており，粘りけの大きいマグマが固まってできた花こう岩は無色鉱物の割合が大きく，白っぽい色をしている。

(3) 成層火山は，同じ火口から複数回噴火することで，円すい形の火山になる。

2 (5) アは色が黒っぽい深成岩，エは色が白っぽい火山岩。

3 (2) 断層R—Sが地層Aを切っているので，断層R—Sはしゅう曲の後にできたことがわかる。地層に横から押す力がはたらくと，上にのっている地層がずり上がった状態になる。地層に横から引く力がはたらくと，上にのっている地層がずり落ちた状態になる。

(3) 石灰岩の主成分である炭酸カルシウムは，うすい塩酸と反応して二酸化炭素を発生する。

4 (2) 水の流れが遅いと小さな粒子だけが運ばれ，水の流れが速くなると大きな粒子も運ばれる。砂は泥よりも粒子が大きいので，層Bに比べて層Aは水の流れが速い環境で堆積したと考えられる。

(3) ② 示準化石は，生息期間が短く，広い範囲に生息した生物の化石が適している。

(4) 層Cに含まれているビカリアは新生代の生物なので，層Cよりあとに堆積した層Aでは，中生代に生息したアンモナイトの化石は見つけられない。

5 (1) 粒が小さいものほど軽いので，流水によって河口から遠くに運ばれる。

(3) 図2の凝灰岩の層は薄いものと厚いものの2つがある。まず，薄い凝灰岩の層に着目する。地点Bのb層は，地点Aではa層より下にあるので，b層のほうが古い。地点Dでは，b層はd層より下にあるので，b層のほうが古い。次に，地点Bと地点Cの厚い凝灰岩の層に着目する。c層は厚い凝灰岩の層のすぐ上にあり，b層はその2つ上にあるので，c層が最も古いとわかる。

(4) 図1の等高線より，地点Dの海面からの高さ（標高）は160m。地点Pの標高は155mなので，地点Pは地点Dよりも，160 (m) − 155 (m) = 5 (m)低い。この地域では地層が南北方向に水平に重なっているので，地点Pと地点Dの地層は同じ標高にある。図2の柱状図より，地点Dでは地表から8m掘ると凝灰岩の層が出てくるので，地点Pで凝灰岩の層が出てくるのは，8 (m) − 5 (m) = 3 (m)

(5) Q—R面の断層は，地層Xと地層Yをつらぬいているので，断層が起きたのは最も新しいとわかる。しゅう曲は地層Yのみに起きているので，地層Yが堆積してからしゅう曲が起き，その後，地層Xが水平に堆積したとわかる。

6 (3)・(4) かぎ層となる凝灰岩の層をそろえて考える。A地点，B地点，C地点のそれぞれの地層に凝灰岩の層が二つずつあるので，どの層が同じ年代のものか，その前後の地層の重なりを見て判断する。まず，A地点とC地点を比べると，両方に分厚い泥岩の層があり，そのすぐ下に凝灰岩の層があるので，A地点の下方の凝灰岩の層とC地点の上方の凝灰岩の層が同じ年代に堆積したと考えられる。次に，B地点とC地点を比べると，地表に近いほうから砂岩，れき岩，泥岩，凝灰岩の順に，両方にほぼ同じ厚さで堆積している部分があるので，B地点の上方の凝灰岩の層とC地点の下方の凝灰岩の層が同じ年代の層と考えられる。A地点とB地点には共通する凝灰岩の層はない。よって，柱状図の同年代に堆積した凝灰岩の層をそろえて考えると，b，c，aの順に堆積したことがわかる。凝灰岩の層は，A地点の上方，A地点の下方とC地点の上方，B地点の上方とC地点の下方，B地点の下方の全部で4層あるので，火山活動は4回起こったと考えられる。

(5) まず，東西方向の傾きを考えるため，A地点とB地点を比べる。A地点とB地点は標高差が，140 (m) − 120 (m) = 20 (m)なので，B地点の柱状図を下に20mずらしてA地点の柱状図とくらべると，20mより深い部分に地層のずれは見られず，東西方向には傾きはないことがわかる。次に，南北方向の傾きを考えるため，A地点とC地点を比べる。A地点とC地点は標高差が，140 (m) − 130 (m) = 10 (m)なので，C地点の柱状図を下に10mずらしてA地点の柱状図と比べると，全体的にC地点の方が4m程度低くなっている。よって，この地層は南に低くなるように傾いている。

10. 地 震 (P. 76〜80)

〈解答〉

1 (1) 活断層
(2) しだいに深くなっていく。(同意可)

2 (1) ア (2) イ

3 (1) ア (2) ① イ ② イ

4 (1) 断層 (2) エ (3) イ (4) オ (5) イ

5 (1) 主要動 (2) 6 (km/s)
(3) 初期微動継続時間
(4) ① 15 (秒) ② 45 (秒)
(5) 10 (時) 15 (分) 5 (秒)
(6) ア. マグニチュード イ. 震度 (7) 25 (秒)

6 (1) マグニチュード (2) P 波
(3) (初期微動) 8 (km/s) (主要動) 4 (km/s)
(4) A. 5 (秒) B. 15 (秒) C. 25 (秒)
(5) (次図) (6) 比例 (7) 12.5 (秒)
(8) 160 (km) (9) 10 (時) 30 (分) 45 (秒)

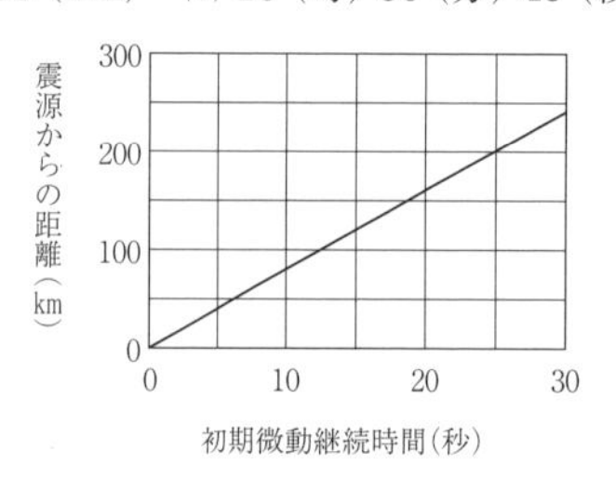

2 (1)・(2) 太平洋プレートは北アメリカプレートの下にもぐりこみ，フィリピン海プレートはユーラシアプレートの下にもぐりこむ。

3 (2) ① 震源に近いところほど，地震が発生してからP波が観測されるまでの時間が短い。

4 (2) ア・イ. 地震のエネルギーの大きさを表すのはマグニチュード。ウ. 地震によるゆれは，震源が浅いほど大きくなることが多い。オ・カ. 震度階級は国によってちがっている。
(3) 高潮は，台風や発達した低気圧によって海面が吸い上げられるように上昇する現象。
(4) 図で，○から●までの時間が初期微動継続時間。
(5) 図と表より，A 地点と B 地点の震源からの距離の差は，56 (km) − 28 (km) = 28 (km) 初期微動を起こす波が両地点に伝わるのに要した時間の差は，9 時 42 分 13 秒 − 9 時 42 分 09 秒 = 4 (秒) したがって，初期微動を起こす波の速さは，$\frac{28\ (\mathrm{km})}{4\ (\mathrm{s})}$ = 7 (km/s) A 地点の震源からの距離は 28km なので，初期微動を起こす波が A 地点に伝わるのに要した時間は，$\frac{28\ (\mathrm{km})}{7\ (\mathrm{s})}$ = 4 (s) よって，地震発生時刻は，9 時 42 分 09 秒の 4 秒前。

5 (2) 図のグラフより，P 波は 15 秒で 90km 進むので，$\frac{90\ (\mathrm{km})}{15\ (\mathrm{s})}$ = 6 (km/s)
(4) ① P 波が伝わる時刻が 10 時 15 分 20 秒，S 波が伝わる時刻が 10 時 15 分 35 秒なので，10 時 15 分 35 秒 − 10 時 15 分 20 秒 = 15 (秒) ② 初期微動継続時間は震源からの距離に比例し，①より，震源からの距離が 90km の地点の初期微動継続時間が 15 秒なので，15 (秒) × $\frac{270\ (\mathrm{km})}{90\ (\mathrm{km})}$ = 45 (秒)
(5) 地震が発生した時刻は P 波と S 波のグラフの交点になるので，10 時 15 分 5 秒
(7) 地震が発生してから，震源からの距離が 30km の地点で P 波を感知するまでにかかる時間は，$\frac{30\ (\mathrm{km})}{6\ (\mathrm{km/s})}$ = 5 (s) 図のグラフより，震源からの距離が 90km の地点に S 波が到着する時刻が 10 時 15 分 35 秒，地震発生時刻が 10 時 15 分 5 秒なので，震源からの距離が 90km の地点に S 波が到着するまでにかかる時間は，10 時 15 分 35 秒 − 10 時 15 分 5 秒 = 30 (秒) よって，30 (秒) − 5 (秒) = 25 (秒)

6 (3) 表より，観測地点 A と観測地点 B の震源からの距離の差は，120 (km) − 40 (km) = 80 (km) 初期微動が始まる時間の差は，10 時 31 分 00 秒 − 10 時 30 分 50 秒 = 10 (s) より，初期微動を伝える波の速さは，$\frac{80\ (\mathrm{km})}{10\ (\mathrm{s})}$ = 8 (km/s) 主要動が始まる時間の差は，10 時 31 分 15 秒 − 10 時 30 分 55 秒 = 20 (s) より，主要動を伝える波の速さは，$\frac{80\ (\mathrm{km})}{20\ (\mathrm{s})}$ = 4 (km/s)
(4) 表より，観測地点 A の初期微動継続時間は，10 時 30 分 55 秒 − 10 時 30 分 50 秒 = 5 (s) 観測地点 B の初期微動継続時間は，10 時 31 分 15 秒 − 10 時 31 分 00 秒 = 15 (s) 観測地点 C の初期微動継続時間は，10 時 31 分 35 秒 − 10 時 31 分 10 秒 =